风险管理指南

——厂外后果分析

杨晔　贺丁　朱美/编译

中国环境出版集团·北京

图书在版编目（CIP）数据

风险管理指南：厂外后果分析/杨晔，贺丁，朱美
编译. -- 北京：中国环境出版集团，2024.8
ISBN 978-7-5111-5763-8

Ⅰ. ①风… Ⅱ. ①杨… ②贺… ③朱… Ⅲ. ①空气净
化—环境保护法—美国—指南 Ⅳ. ①D971.226-62

中国国家版本馆 CIP 数据核字(2023)第 247228 号

责任编辑　孔　锦
封面设计　岳　帅

出版发行　中国环境出版集团
　　　　　（100062　北京市东城区广渠门内大街 16 号）
　　　　　网　　　址：http://www.cesp.com.cn
　　　　　电子邮箱：bjgl@cesp.com.cn
　　　　　联系电话：010-67112765（编辑管理部）
　　　　　发行热线：010-67125803，010-67113405（传真）
印　　刷　北京中科印刷有限公司
经　　销　各地新华书店
版　　次　2024 年 8 月第 1 版
印　　次　2024 年 8 月第 1 次印刷
开　　本　787×1092　1/16
印　　张　9.25
字　　数　200 千字
定　　价　60.00 元

中国环境出版集团郑重承诺：
中国环境出版集团合作的印刷单位、材料单位均具有中国环境标志产品认证。

环境风险评价是以突发性事故导致的危险物质环境急性损害防控为目标，对其环境风险进行分析、预测和评估，提出环境风险预防、控制和减缓措施，明确环境风险的监控及应急要求，为风险防控提供科学依据。美国国家环境保护局（EPA）将此部分内容称为"Emergency Response"，即应急响应。根据环境影响评价基础数据库统计数据，我国每年有超过20万个建设项目存在环境与健康风险隐患，涉及有毒有害和易燃易爆危险物质种类繁多，分布广泛。近年来，吉林双苯厂松花江污染事件、天津瑞海危险品仓库爆炸事故、江苏响水化工厂爆炸事故等一系列重大环境突发事件引起了社会公众的广泛关注。为解决突出的环境风险问题，我国自2004年首次发布《建设项目环境风险评价技术导则》（HJ/T 169—2004）以来，经2014年出台《企业突发环境事件风险评估指南（试行）》、2018年更新《企业突发环境事件风险分级方法》，再到2018年发布修订的《建设项目环境风险评价技术导则》（HJ 169—2018），对环境风险评价工作进行了优化调整，使其科学性、规范性、实操性逐步提升，环境风险评价工作不断深入和完善。

追溯美国应急响应发展历程，源于1984年印度博帕尔（Bhopal）的美国联合碳化物公司（Union Carbide，简称美国联碳）农药厂发生的剧毒异氰酸甲酯泄漏事件。此后于1986年美国通过《应急规划和社区知情权法》（Emergency Planning and Community Right-to-Know Act，EPCRA，以下简称《法案》），建立了一个新的联邦计划用于规范全美化学品的生产。该《法案》要求各州应急部门必须根据化工企业提交的有毒物质排放清单（TRI）等信息，规划相应的政府应急预案，并将应急预案的具体内容对公众公开。如果有企业既不公布危险化学品库存详情，在事故后也不向地方民众与政府通报，即属于技术上违反了《法案》，将面临处罚。《法案》规定，各级地方都必须设紧急计划委员会，成员包括消防员、医护人员、政府工作人员、媒体人、企业与社区居民代表，该委员会负责根据当地的危险品生产企业提供的信息制订本地的应急计划，作为紧急情况发生时各单位和居民参考的指引。《法案》中还明确规定，发生泄漏设备的所有者或经营者在泄漏后必须立即通知社区的应急负责人。为方便紧急处置和防止延迟，通知还应包括以下内容：①泄漏中涉及的化学品的名称和性质；②该物质是不是该《法案》规定的特别危险品；③对泄漏量的估计；④泄漏发生的时间和持续时间；⑤泄漏发生的环境媒介；⑥任何与泄漏相关的已知或可预计的健康风险，包括对暴露于泄漏之下的个人医疗指导；⑦可能需要的适当预防，如疏散；⑧获取进一步信息的联系方式。同时，规定了对不遵守规定的惩罚措施。

随着事故类型的变化，1990年美国通过《清洁空气法修正案》（*Clean Air Act* 1990，CAA），明确了危险化学品环境应急防范的相关内容。在此法案与《应急规划和社区知情权法案》的规制下，美国 EPA 建立了"风险管理规划"（Risk Management Program，RMP）制度。该制度规定了77种有毒物质和63种易燃易爆物质，对其需要报告的范围做出了相应规定，确定了需要提交风险管理计划的企业。生产、加工、储存这些化学物质的工厂需要制订风险管理计划，并提交给 EPA，其中包括紧急情况下的事故应急预案，如何尽快警告周边社区居民，如何通知和配合政府应急部门等。美国 EPA"风险管理规划"提供按照CAA 进行界区外后果分析的分析方法，主要针对存在大量危险化学品的企业，以避免这些化学品泄漏和降低事故后果的发生。美国 EPA 于1996年6月20日发布了《化学品事故预防规定》，该法案适用于储存、制造、使用在《美国法典》第40章第68部分第130节（40 CFR68.130）中列举的任何有毒或可燃物质，包括氯和氨以及高度可燃物质（如丙烷）。对适用于《化学品事故预防规定》的企业，需要向所在州、当地及联邦政府和公众公布化学物品事故泄漏的潜在后果。RMP 采用了最大或最严重场景法、最大可信事件法对事故进行预测分析。为简便分析，EPA 定义最大或最严重场景为一个容器或工艺管线的发生最大规模的泄漏并导致最大影响距离的场景。最大可信事件法为研究比最严重场景更可能发生的事故及影响后果范围的方法。用户可以使用简单方法来分析工厂厂界外的后果。

美国劳工部职业安全与健康管理局（OSHA）于1992年颁布了《工艺安全管理》（Process Safety Management，PSM）过程安全管理标准（29 CFR1910.119），要求有关石油、化工企业在工厂的整个生命周期中制定并实施过程安全管理系统。PSM 是一种系统的分析工具，用于防止高度危险化学品的释放。危险化学品包括有毒、反应性、爆炸性和高度易燃的液体和气体。通过综合管理的方式，旨在减少与高度危险化学品排放有关的事件数量及其严重程度。PSM 标准由联邦和国家标准、指令及其解释、综合技术、组织和操作程序、管理实践、设计指南、合规计划和其他类似方法组成。PSM 对所有行业都同样重要，包括 14 个要素：①工艺安全信息：在进行任何工艺危害分析之前，要求雇主制定并维护书面安全信息；②过程危险分析：识别、评估和控制过程危险的系统方法；③操作程序：雇主必须制定并实施与过程安全信息一致的书面操作程序；④员工参与：雇主必须为员工参与制订书面计划；⑤培训：为员工实施有效的培训计划，包括操作程序；⑥承包商：从事维护、修理、翻新或特殊工程的承包商应接受应急程序培训；⑦启动前安全审查：要求对新设施和改造设施进行启动前的安全审查；⑧机械完整性：关键工艺设备的完整性，以确保其设计和安装正确且运行正常；⑨动火作业：必须签发动火作业许可证；⑩变更管理：必须对流程的变更进行评估，以评估其对员工安全和健康的影响；⑪事件调查：对事件进行彻底调查，以确定原因以便未来采取预防措施；⑫应急计划和响应：重要的是通过应急预案和培训使员工意识到问题并能够采取适当的行动；⑬合规审计：必须进行审计，并编制和记录审计结果报告；⑭商业秘密：雇主必须提供所有必要的信息，以符合安全管理局的规定，无论此类信息的商业秘密状态如何。

美国的应急响应管理走过了很长的历程，从 1986 年的《应急规划和社区知情权法》（EPCRA），到 1990 年颁布《清洁空气法修正案》中第 112（r）条、1992 年颁布并实施的《工艺安全管理》及"风险管理规划"、1999 年颁布《重大事故危险控制》（COMAH），以及 2005 年发布《基于风险的过程安全管理》（RBPS），其应急响应内容涵盖了石油泄漏、化学、生物、放射性物质释放和大规模国家紧急情况而采取的各项应急响应措施。

与西方发达国家相比，我国的环境压力随着社会经济的发展而不断增大，环境安全形势更为严峻。美国经历了重大环境安全的考验，逐步建立并完善了其应急响应制度体系，其中 RMP 在美国应急响应综合管理设计中占有重要位置。编译者希望通过本指南对 RMP 的翻译，为企业生产、风险评估，以及环境管理从业者提供部分的借鉴和参考。由于编译者水平及专业知识所限，对其中翻译的不足之处，敬请广大读者批评指正。

本指南适用范围

　　下表中列举了美国国家环境保护局（EPA）发布的需按照《美国法典》第40章（40 CFR）第68部分进行管理的产业类别，参见《风险管理程序通用指南》附录B，列举了更详细的条文。其他未被列入的产业，也可能受40 CFR所管理。判断一个产业是否应遵循40 CFR中的风险管理程序，应当对照《风险管理程序通用指南》中第1章"通用指南"和40 CFR第68部分10条的准则进行逐一判定①。

分类	NAICS 代码	SIC 代码	产业类别
化学制品生产商	325	28	石油化工产品 工业煤气 碱金属和氯 工业无机物 工业有机物 塑料和树脂 农用化学品 肥皂，洗涤剂 炸药 各种化学制造厂商
炼油厂	32411	2911	炼油厂
造纸厂	322	26	造纸厂 纸浆研磨 纸张生产
食物加工厂	311	20	奶制品 水果蔬菜 肉制品 海鲜制品
聚氨酯泡沫塑料	32615	3086	塑料泡沫生产

---

① 在美国，若想了解特定行业是否在EPA 40CFR68监管范围内，可拨打政府EPCRA/CAA热线（800）424-9346［或（800）553-7672］进行咨询。

分类	NAICS 代码	SIC 代码	产业类别
非金属矿产品	327	32	玻璃和玻璃制品，其他非金属矿物产品
金属产品	331、332	33、34	主要金属制造，金属制品
机械制造	333	35	工业机械，农场机械，其他机械
计算机和电子设备	334	36	半导体电子设备
电子设备	335	36	照明电器制造，电池制造
运输设备	336	37	汽车和飞机
食品分销商	4224 4228	514 518	冷冻或冷藏啤酒，葡萄酒
化学品分销商	42269	5169	化学批发商
农场供应商	42291	5191	农业的零售商和批发商
冷剂丙烷销售	454312	5171 5984	丙烷销售商
仓库	4931	422	冷藏仓库 化学品库
水处理	22131	4941	饮用水处理系统
污水处理	22132、56221	4952、4933	排水系统 污水处理 废物处理
电力公司	22111	4911	发电
冷剂丙烷用户			制造业 大型研究机构 商业机构
联邦设施			军事设施 能源实施

不同化学品泄漏类型后果分析指南索引

类型和泄漏情景	适用的章节和附录
有毒气体	
最大事故情景	
1）最大事故情景定义	2.1
2）选择情景	2.2 和 2.3
3）泄漏速率计算	
未削减场景	3.1.1
被动削减措施场景	3.1.2
过冷泄漏场景	3.1.3
4）查找毒性终点	附录 B
5）确定参考表格和距离	3.1.3 和 3.2.3
重质气体或中质气体	第 4 章和附录 B
特定化学物质表格（氨、氯、二氧化硫）	第 4 章
城市或乡村	2.1 和第 4 章
泄漏持续时间	2.1
可信事故情景	
1）可信事故情景定义	第 6 章
2）场景选择	第 6 章
3）泄漏速率计算	
未削减（管道和储罐泄漏）	7.1.1
主动或被动的削减控制措施	7.1.2
4）确定毒性终点	附录 B
5）确定参考表格和距离	
重质气体或中质气体	第 8 章和附录 B
特殊化学品表格（氨、氯、二氧化硫）	第 8 章
城市或者乡村	2.1 和第 8 章
泄漏持续时间	7.1

类型和泄漏情景	适用的章节和附录
有毒液体	
最大事故情景	
1）最大事故情景定义	2.1
2）选择情景	2.2 和 2.3
3）泄漏速率计算	
管道泄漏	3.2.1
未削减的蒸发池	3.2.2
被动削减措施（围堰/室内泄漏）	3.2.3
在常温下泄漏	3.2.2 和 3.2.3
在高温下泄漏	3.2.2 和 3.2.3
混合物的泄漏	3.2.4 和附录 B
25～50℃的液位泄漏温度修正因子	3.2.5 和附录 B
溶液泄漏	3.3 和附录 B
4）确定毒性终点浓度	
液体/混合物	附录 B
溶液	附录 B
5）确定参考表格和距离	
重质气体和中质气体（液体/混合物）	第 4 章和附录 B
重质气体和中质气体（溶液）	第 4 章和附录 B
特殊化学品表格（液氨）	第 4 章
城市或乡村	2.1 和第 4 章
泄漏持续时间（液体/混合物）	3.2.2
泄漏持续时间（溶液）	第 4 章
最可能事故情景	
1）最可能事故情景定义	第 6 章
2）情景选择	第 6 章
3）泄漏速率计算	7.2
未削减的（管道和储罐泄漏）	7.2.1
主动或被动的削减控制措施	7.2.2
在常温下泄漏	7.2.3
在高温下泄漏	7.2.3
溶液泄漏	7.2.4、3.3 和附录 B
4）确定毒性终点浓度	
液体/混合物	附录 B
溶液	附录 B

类型和泄漏情景	适用的章节和附录
5）确定参考表格和距离	
重质气体和中质气体（液体/混合物）	第 8 章和附录 B
重质气体和中质气体（溶液）	第 8 章和附录 B
特殊化学品表格（液氨）	第 8 章
城市或乡村	2.1 和第 8 章
泄漏持续时间（液体/混合物）	7.2
泄漏持续时间（溶液）	第 8 章
易燃物质	
最大事故情景	
1）最大事故情景定义	5.1 和 2.1
2）选择情景	5.1、2.2 和 2.3
3）确定超压终点	
易燃纯组分物质	5.1
易燃混合物	5.2
最可能事故情景	
1）可能事故情景定义	第 6 章
2）选择情景	第 6 章
3）蒸汽云火灾	
泄漏速率计算（气体）	9.1 和附录 C
泄漏速率计算（液体）	9.2 和附录 C
查找燃烧下限（气体）	附录 C
查找燃烧下限（液体）	附录 C
中质气体和重质气体（气体）	附录 C
中质和重质（液体）	附录 C
城市或乡村	10.1
泄漏持续时间	10.1
确定距离	10.1
4）池火	10.2 和附录 C
5）沸腾液体爆炸（BLEVEs）	10.3
6）蒸汽云爆炸	10.4

目 录

1

概述

1.1 目的

本指南介绍了美国《清洁空气法》(*Clean Air Act*，CAA) 中风险管理程序规定的工厂厂界外后果分析的方法。在 CAA 第 112 (r)(7) 中，美国国家环境保护局 (Environmental Protection Agency，EPA，以下简称美国环保局) 针对使用危险化学品的企业，发布了如何防止化学品泄漏和降低事故风险的法规要求。根据 CAA 的要求，EPA 于 1996 年 6 月 20 日发布《化学品事故预防规定》法案，该法案被收录至《美国法典》第 40 章 (40 CFR) 第 68 部分。该法案要求任何处理、制造、使用或储存在 40 CFR 第 68 部分第 130 节中列举的有毒物质 (如氯、氨) 或可燃物质 (如丙烷) 的企业，如果这些物质的数量超过了法案中指定的阈值，必须制定并实施风险管理程序。如果企业无法确定是否应执行该法案，应参考 EPA 在《美国法典》中第 1 章、第 2 章中的"风险管理程序的一般指导"。

对适用于该法案的企业，需要向州、当地及联邦政府和公众公布化学品泄漏至工厂厂界外所造成的潜在后果分析。该分析由两部分组成：

◆ 最大事故情景 (A worst-case release scenario)；

◆ 可信事故情景 (Alternative release scenarios)。

为了简化分析及确保可比性，EPA 定义"最大事故情景"为一个容器、设备或工艺管线发生的化学品最大泄漏量事故导致最大影响距离的情景。从广义上讲，最大影响距离是指事故发生点至事故所引起的有毒蒸汽云、火灾辐射热或爆炸冲击波到其影响即将消散前的一点之间 (终点) (endpoint) 的距离，其消散点处不会因短期暴露而发生严重伤害。不同物质的终点可以查询 40 CFR 第 68 部分第 22 节 (40 CFR68.22) 或附件 A，或查询本指南的附件 B 和附件 C。

　　"可信事故情景"发生可能性较"最大事故情景"更大,除非没有"可信事故情景"。企业在使用时可选择适用的分析方法,本指南第 4 章中对"可信事故情景"的一些例子进行了研究。[①]

　　使用本指南,用户可以采用简便的方法进行工厂厂界外的风险后果分析,即用户可以通过简单的公式来计算泄漏速率,并利用一些参考表格来确定物质的扩散范围。参考表格涵盖了毒性、火灾、爆炸等事故后果分析,适用于大多数毒性物质。在一些案例中,指南允许用户基于一些假定条件而非特定数据来进行分析(通用表 1)。

通用表 1　模型选用参数

最大事故情景	可信事故情景
预测终点	
毒性物质的扩散范围参考第 68 部分的附件 A	毒性物质的扩散范围按照第 68 部分的附件 A
可燃物质的蒸汽云爆炸超压值为 1 psi[②]	可燃物质的蒸汽云爆炸超压值为 1 psi; 火灾热辐射持续时间 40 s 内辐射值不低于 5 kW/m^2; 美国消防协会(NPFA)列出的可燃物质爆炸下限(LFL)为认可值或其他指定来源
风速、稳定度	
本指南中推荐选用 1.5 m/s 风速和 F 稳定度。对于其他模型,除非对当地连续 3 年的气象数据进行分析,有较高的最低风速和较低的大气稳定度,否则在当地气象条件不充足的情况下,也可以选用 1.5 m/s 风速和 F 稳定度	本指南选用 3 m/s 风速和 D 稳定度。对于其他模型,需使用当地典型气象条件
环境温度和湿度	
本指南选用 25℃温度和 50%湿度。对于其他模型中的毒性物质,必须选用过去 3 年内的当地最热天温度和平均湿度	本指南选用 25℃温度和 50%湿度。对于其他模型,可以选用当地气象站记录的平均温度和平均湿度
泄漏高度	
对于毒性物质:地面	本指南选用地面泄漏,选用其他模型,泄漏高度由不同的泄漏场景确定
地面粗糙度	
根据实际情况,选择乡村(平坦地形)或城镇(拥塞区域)	根据实际情况,选择乡村(平坦地形)或城镇(拥塞区域)
重质或中性浮力气体	
需根据有毒物质泄漏的气体密度选择适合的泄漏模型或距离表。如果使用本指南,需参考表 1~表 4(中性浮力气体)、表 5~表 8(重质气体)或表 9~表 12(特定化学物质)	需根据有毒物质泄漏的气体密度选择适合的泄漏模型或距离表。如果使用本指南,需参考表 14~表 17(中性浮力气体)、表 18~表 21(重质气体)或表 22~表 25(特定化学物质)

---

① 为了便于使用本指南,美国国家海洋和大气管理局(NOAA)和 EPA 开发了 RMP*Comp^{TM} 软件,软件下载地址:www.epa.gov/emergencies。

② 1 psi 即 1 lb/in^2,为 6.9 kPa。

最大事故情景	可信事故情景
泄漏物质温度	
必须考虑液体（液化烃除外）处于近 3 年内的日均最高温度或工艺温度中二者较高值下的泄漏场景；对于液化烃，需考虑常压下处于沸点温度的泄漏场景。本指南提供了不同物质在 25℃下或沸点温度下的泄漏速率，以及温度校正因子	针对不同的泄漏场景，设定物质是在环境温度或工艺温度下泄漏。本指南提供了不同物质在 25℃下或沸点温度下的泄漏速率，以及温度校正因子

计算方法及参考表格均作为推荐工具，它们并非强制性使用。在满足一定的条件下，其他开源或商业的大气扩散模型也可以作为风险后果分析的方法。如果选用其他分析方法或模型，用户应参考本指南第 4 章中不同模型使用条件的说明。本指南还提供了不同模型结果的比较，可以看出在一些特定条件下，某些替代模型可能提供更精确的泄漏分析结果。但本指南并未对这些模型的使用过程进行深入研究，如果企业采用不同的模型进行风险后果分析，则应查阅相关的参考材料或使用说明。

本指南提供了不同扩散模型中毒性物质终点浓度的扩散范围，可从 0.1～25 mile ①，部分模型的模拟范围可能更小或更大。ALOHA 模型是比较普遍使用的模型，该模型的最大预测范围为 6 mile（任何扩散情景，若扩散范围大于 6 mile，则结果显示为"大于 6 mile"）。如果某一事故的物质和情景非常适用于 ALOHA 模型，但其预测扩散范围显著大于 6 mile，则应考虑其他模型，否则需要解释 ALOHA 模型预测结果与本导则或其他模型结果差异的原因。此外，"风险管理规划"（RMP）的电子输入系统仅接受数字输入（"≥"或"≤"不被接受），如果用户确实需要在系统中输入某个模型预测结果的阈值（如将"≥6 mile"输入为"6 mile"），则须在 RMP 的备注中进行说明。

1.2 本指南和其他模型的对比

本指南得到的结果较保守（扩散范围较大）。对于特定化学品参考表格中的结果考虑了更多实际的假定条件以及更多的因素，因此比一般参考表格更接近实际值。

相对于本指南中的简单模型，一些复杂模型可以给出更接近实际情况的分析结果，尤其是在可信事故情景的分析中，复杂模型需要更高的成本及更多的专业知识，而本指南的使用方法简单明了，当企业决定使用何种方法进行分析时，需要进行比较权衡。附录 A 给出了其他可以用于分析的模型，但并不包括所有方法，当用户使用不同模型进行计算时，会发现结果有很大的不同。

① 1 mile=1 609.344 m。

1.3　分析情景的数量和类型

具体企业需要执行分析情景的数量和类型取决于每一个装置的固有风险水平，共定义了 3 个水平。若装置在最大事故情景中的扩散范围内没有关心目标，则该装置"固有风险水平"处于"第一类固有风险水平"。则此类装置风险分析不需要过多的模型分析。对于"第二类固有风险水平"或"第三类固有风险水平"的装置，选取最大事故情景还是可信事故情景模型分析都是必需的。请参考 40 CFR 第 68 部分第 10 节（b）、（c）和（d），或者 EPA 第二章中关于 RMP 的一般指导内容来确定"固有风险水平"。

一旦确定了装置的"固有风险水平"，需要进行以下工厂厂界外的风险后果分析：

"第一类固有风险水平"装置选取一个最大事故情景进行分析；

在"第二类固有风险水平"和"第三类固有风险水平"中选取一个最大事故情景来代表所有涉及的毒性物质泄漏；

在"第二类固有风险水平"和"第三类固有风险水平"的装置中选取一个最大事故情景来代表所有涉及的可燃物质泄漏；

在"第二类固有风险水平"和"第三类固有风险水平"的装置中针对每一种涉及的毒性物质选用可信事故情景法分析；

在"第二类固有风险水平"和"第三类固有风险水平"的装置中选取一个可信事故场景代表所有涉及的可燃物质泄漏场景。[1][2]

1.4　建模问题

化学品泄漏的后果取决于泄漏的条件、泄漏地点和持续时间。本指南提供基于模型的影响距离参考表，用于估算在最大事故情景和可能事故情景下的影响。参考表中最不利情况下的距离，有的并不是对某次化学物质意外泄漏事件影响范围的精确预测。本指南在最不利情况下的距离是基于模型算法下，各种最不利条件组合模型化的结果。这些条件组合的情况很少发生，也基本不会持续很长时间。为了获取可信事故情景的影响距离，很少用保守的假设来建模，更多地选择最接近的条件而不是最不利的假设条件。然而，在实际的意外泄漏情景下，条件可能是不同的。使用本指南的用户需要清楚，这里的结果仅是对潜

---

① 如果工厂内有毒或可燃物质的泄漏可能影响不同的公共受体，则需要分析不同的最大事故情景。例如工厂内储罐泄漏会影响不同方向的区域及区域内的人群，在这种情况下，需要对不同的公共受体进行最大事故情景分析。

② EPA 开发了以下领域的行业风险管理指南：丙烷储存设施、化学品分销商、污水处理设施、仓库、氨冷冻、小型丙烷销售商及用户。这些行业的应用指导附在本指南中，也可以从 EPA 网站（www.epa.gov/emergencies）获得。如果特定行业有自身的专有程序，则应考虑使用行业特有的风险管理程序，包括扩散模型及预防措施。

在后果的粗略估算。不同的模型会得出不同的结果，即使是同样的模型，由于泄漏条件和地点的不同，也会得出不一样的结果。

本指南中参考表格的最大影响距离为 25 mile。EPA 认为，超过此距离的模型分析结果不再可靠，因为在该距离下几乎没有可以参考的实验数据或实际事故记录与模型预测结果进行比较。大部分数据表明，影响范围通常小于 10 mile，随着距离的增大，模型结果的不确定性也随之增大，这主要因为模型参数（如大气稳定度、风速、表面粗糙度等）在预测距离增大后很难保持恒定。因此，EPA 认为在较大距离（超过 6 mile）的模型分析结果中，误差已经相当显著。

然而，即使在较大尺度的预测中，模型分析结果仍可提供有价值的信息，尤其是在进行对比分析时。例如，地方应急计划委员会（LEPCs）和相关地方机构可以将这些结果作为制定社区化学事故预防和防范措施的参考。由于最大事故情景下的影响范围几乎不可能发生，并且任何模型在大尺度预测中都可能存在较大的偏差，EPA 强烈建议社区或工厂不要依赖于最大事故情景或任何单一情景模拟得出的较大影响范围来制订应急响应计划。相反，应以基于可信事故情景的结果为基础，来制订更为合理的应急事件计划和响应措施。

1.5 分析步骤

本节主要描述了依据本指南进行工厂厂界外风险后果分析的步骤。在进行一项或多项最大事故情景泄漏分析时，需要获取毒性物质、厂址面积、典型气象条件等信息。

- 依据本指南的附录 B 和附录 C 确定模拟物质为可燃还是有毒；
- 对于最大事故情景分析，确定每一个毒性物质在容量最大的管道或设备中的在线量；
- 收集针对每种物质泄漏的被动或主动削减措施的相关信息（仅针对于可信事故情景）；
- 需确定毒性物质和可燃物质的相态（气态、液态、低温液化气或加压液化气）；
- 需确定毒性物质（见附录 B 的表 B-1 和表 B-2）和可燃物质（见附录 C 的表 C-2 和表 C-3）为重气体还是中性气体；
- 确定毒性物质或可燃物质，需要根据 40 CFR 第 68 部分第 22 节（e）确定物质所处地点的地面粗糙度。

当收集到以上信息后，需进行以下 3 步（涉及可燃物质的最大事故情景除外）：

步骤 1：确定分析情景；

步骤 2：确定泄漏或挥发速率；

步骤 3：确定终点浓度的后果影响距离。

对于涉及可燃物质的最大事故情景分析，仅需进行上述的步骤 1 和步骤 3，详见 1.5.1～1.5.6。这些章节中不仅概括了基本的分析步骤，还提供了如何在本指南中查找具体分析的途径。1.5.1～1.5.3 描述了有毒气体、有毒液体和可燃物质的最大事故情景分析基本步骤。1.5.4～1.5.6 描述了不同情景分析的基本步骤。本指南附录 E 中提供了帮助进行分析的各类工作表。

1.5.1　有毒气体的最大事故情景分析

有毒气体（包括加压液化气）的最大事故情景分析（附录 E 中工作表 1 可用于此分析）：

步骤 1：确定分析情景。根据第 2 章中相关规定来确定有毒气体的名称、质量、最严重泄漏事故情景。

步骤 2：确定泄漏速率。根据第 2 章中规定的参数来计算有毒气体的泄漏速率。本指南中关于无削减措施的泄漏速率计算见 3.1.1，有被动削减措施的泄漏速率计算见 3.1.2。

步骤 3：确定后果影响距离。根据第 4 章中相关规定来确定泄漏速率和毒性终点位置，从而计算最严重后果距离。本指南中后果距离参考值见附录 E 中的工作表 1～表 12（工作表 7～表 12 本书略），可根据泄漏物质的密度、厂址地形、泄漏的持续时间（通常气体泄漏持续时间为 10 min）来查表获得后果影响距离。

1.5.2　有毒液体的最大事故后果分析

对于常温状态下为液态的有毒物质或在低温液化的有毒气体最大事故情景分析（见附录 E 中的工作表 2）：

步骤 1：确定最严重事故情景。按照第 2 章所述原则确定有毒液体、泄漏量和最严重泄漏事故情景。预测管道液体泄漏量的方法见 3.2.1。

步骤 2：确定泄漏速率。使用所需的各项参数预测有毒液体的蒸发速率和泄漏时间。本指南提供了预测以下物质液池蒸发速率的方法：

● 冷冻状态下液化的气体（见 3.1.3 和 3.2.3）
● 未采取削减措施的泄漏（见 3.2.2）
● 采取被动削减措施后的泄漏（见 3.2.3）
● 在常温或高温状态下的泄漏（见 3.2.2、3.2.3 和 3.2.5）
● 有毒液体混合物泄漏（见 3.2.4）
● 指定物质的水溶液和发烟硫酸的泄漏（见 3.3）

步骤 3：确定毒性终点浓度距离。根据泄漏速率和定义的毒性终点浓度预测最大事故情景的后果影响距离（第 4 章）。本指南提供的后果影响距离的参考表格（参考附录 E 中的工作表 1～表 12）。根据泄漏物质的密度、地表情况、泄漏持续时间，选择相应的参考表格。在该参考表格中确定毒性终点距离。

1.5.3　可燃物质的最大事故后果分析

对于所有易燃物质（气体或液体）（见附录 E 中工作表 3）最大事故后果分析：

步骤 1：确定最严重事故情景。按照第 2 章所述原则确定易燃物质及其数量，最严重泄漏事故情景。

步骤 2：确定超压终点距离。根据第 5 章中所述的假设条件，预测易燃物质蒸汽云爆炸事故 1 psi 超压终点距离。本指南提供了最大蒸汽云爆炸事故的超压影响距离的参考表格（见参考表 13）。根据泄漏量和表格预测超压终点距离。

1.5.4　有毒气体的可信事故后果分析

关于有毒气体，包括压缩液化气体（见附录 E 中工作表 4）可信事故后果分析：

步骤 1：确定可信事故情景。选择可信的有毒气体泄漏事故情景。该事故情景设定原则为该事故可能对厂外环境造成影响（第 6 章）。

步骤 2：确定泄漏速率。根据事故情景设定和现场条件，计算有毒气体泄漏速率和泄漏持续时间。本指南提供了以下方法：

● 　未采取削减措施的泄漏（见 7.1.1）；
● 　采取主动和被动削减措施后的泄漏（见 7.1.2）。

步骤 3：确定毒性终点距离。根据泄漏速率和定义的毒性终点浓度预测可信事故情景的后果影响距离（第 8 章）。本指南提供可信事故情景影响距离的参考表（见参考表 14～表 25）。根据泄漏物质的密度、地表情况、泄漏持续时间，选择相应的参考表格，在该参考表格中确定毒性终点距离。

1.5.5　有毒液体的可信事故情景法

要进行常温有毒液体的可信事故情景分析，包括冷冻液化的分析（见附录 E 中工作表 5）需要：

步骤 1：选择可信事件。选择可信事故情景和有毒液体的泄漏量，这个事件可能产生厂外影响，至少没有这样的情景存在（第 6 章）。

步骤 2：确定泄漏速率。基于选择的情景和场地的特殊情况估算有毒液体泄漏速率和持续时间。本指南提供的用于估算液体泄漏速率和泄漏量的方法适用于：

● 　完全液体泄漏（见 7.2.1）；

- 有缓解的液体泄漏（见 7.2.2）；
- 泄漏的液体假设形成液池。

本指南为估算液池蒸发速率和泄漏时间提供的方法适用于：

- 完全泄漏（见 7.2.3）；
- 泄漏，但有主动或被动的削减控制措施（见 7.2.3）；
- 常温或高温的泄漏（见 7.2.3）；
- 被监管化学品常规水溶液的泄漏或硫酸溶液的泄漏（见 7.2.4）。

步骤 3：确定终点距离。基于泄漏速率和毒性界限估算可信事故情景下的距离（第 8 章）。本指南为可信事故情景下有毒物质的距离提供了参考表（参考表 14～参考表 25）。依据泄漏物料的密度、场地情况和泄漏时间选择合适的表格，并根据合适的表估算界限的距离。

1.5.6　可燃物质的可信事故情景法

可燃物质的可信事故情景的分析应按下述步骤操作：

步骤 1：确定可信事故情景。识别可燃物质，确定可信事故情景后果分析的事件类型和物质泄漏量。

步骤 2：确定泄漏速率。如果事故场景涉及蒸汽云火灾，需估算出可燃气体或液体的泄漏速率。

步骤 3：确定终点浓度的距离。本指南提供以下方法：

- 对于蒸汽云火灾事故，根据本地的地形条件和泄漏物质的密度，对照 10.1 和参考表 26～表 29，估算终点浓度的距离；
- 对于池火事故，参考 10.2，根据泄漏物质的性质和发生的化学反应，估算终点浓度的距离；
- 对于蒸汽爆炸事故，参考 10.3 和参考表 30，根据不同物质的泄漏量和持续时间，估算终点浓度的距离；
- 对于蒸汽云爆炸事故，参考 10.4 和参考表 13，根据泄漏物质的性质和化学反应估算蒸汽云中的泄漏量，进而根据表中的信息估算终点浓度的距离。

1.6　附加信息

美国 EPA 的风险控制计划具体内容可以见 40 CFR 第 68 部分。相关章节发布在 1994 年 1 月 31 日（59 FR 4478）和 1996 年 6 月 20 日（61 FR 31667）的《联邦公报》上。最终修改后的危险物质名录及其安全阈值发布在 1997 年 8 月 25 日和 1998 年 1 月 6 日的

《联邦公报》上，这些内容也被收录于附件 F。

美国 EPA 以及一些州立或联邦的机构一直致力于为"风险管理规划"的实施提供支持。关于更多的技术支持信息可参考附件 E。附件 C 和附件 D 列举了美国劳工部职业安全与健康管理局（National Institute of Occupational Safety and Health，OSHA）在不同州及联邦政府级别的联系信息供企业咨询。地方上的应急规划委员会也对风险管理提供支持。

登录美国 EPA 网站（www.epa.gov/emergencies），可以查询关于这些导则、案例说明以及其他相关的信息，信息会随时更新。

2

如何判断最大事故情景

2.1 最大事故情景的定义

最严重的泄漏情景的定义：

■ 从压力容器或工艺管道中泄漏出可能的最大；

■ 泄漏的有毒物质或易燃物质扩散到达其终点浓度距离最远。

当判断泄漏物质总量时，可以考虑采用管理层面的保护措施。有效的管理措施必须是限制压力容器或工艺管道中可存储的物质总量的书面程序，或者是允许管道中物质存储量不定期地大于通常存储量（如在关闭或周转期间）的书面程序。物质的终点浓度值在法规中有明确定义［40 CFR 68.22（a），附录 A 至第 68 部分中关于有毒物质的叙述］。分析最大事故情景时，无须考虑可能引起泄漏的原因或泄漏发生的可能性；认定泄漏是一定会发生的。为了分析最不利的条件，必须假设所有泄漏发生在地面。

本指南假定最大事故情景的气象条件为大气稳定 F 类（稳定的大气层），风速为 1.5 m/s（3.4 mile/h）。本指南中环境空气温度为 25℃（77℉）。若在分析最大事故情景时使用本指南，那么即使所在地近 3 年的最高气温高于 25℃，也可遵循本指南中的参数选取。

本指南提供了两种不同的地貌选择：城市和乡村。美国 EPA［40 CFR 68.22（e）］认为，在城市地区存在许多障碍物（如建筑物和树木）。与之相对，乡村地区则被认为没有高大的建筑物，地形平坦且通畅。因此，如果某一地区只有少量建筑或其他障碍物（如高山和树木），则可以将其归类为乡村地形。相反，即使在某地区距离较远，但存在大量障碍物，即使它实际上并不属于城市范畴，根据本指南的要求，也可以将其划分为城市地形。

（1）有毒气体

有毒气体是指在环境温度（25℃，相当于 77℉）下为气态的所有具有毒性的物质。这里不包括在大气压力下通过制冷液化并在泄漏时进入围堰的气体。在评估最大事故情景时，需要假设所有存量的有毒气体在 10 min 内完全释放到大气环境中。在这种情况下，被动防护措施（如围堰等），应作为情景设定的一部分进行考虑。

低温液化并泄漏到罐区，建模场景为液体在沸点下沸腾，液池蒸发进入大气 [40 CFR 68.25（c）（2）]。当低温液体场景泄漏时，可能会形成一个深度小于 1 cm 的液池（建模是指在气体泄漏中，泄漏速率等于或高于最大事故情景下的泄漏速率，低温液体形成深度小于 1 cm 的液池会在 10 min 内完全蒸发。因此，在分析最大事故情景时，把这些物质看作气体是完全合理的）。

有毒物质终点浓度值的结果分析在法规（40 CFR 68，附录 A）中有详细说明。附录 B-1 列出了各种有毒气体的终点浓度值，这些终点浓度值用于在大气扩散模式中估算后果距离。

（2）有毒液体

针对有毒液体，必须假定压力容器里的液体总量全部泄漏。本指南假设液体泄漏是在平坦、无吸收的表面进行的。人们假设管道中泄漏的有毒液体会形成一个液池，因此在后果分析中，可以考虑采用防护措施（如围堰）。泄漏的总量被认为会立刻扩散到一个开放区域并达到 1 cm（0.033 ft①或 0.39 in）的深度或立刻覆盖围堰。泄漏液体的温度设定为近 3 年日最高气温，或容器中的物体温度 [40 CRF 68.25（d）（2）] 两者中的高值。进入空气的速率设定为液池蒸发率。如果液体被泄漏到一个吸收很快的表面上（如多孔土），那么本指南中的方法会过度高估泄漏结果。在此情况下应考虑其他方法。

附录 B-2 列出了有毒液体（40 CFR 第 68 部分，附录 A 中有关于终点浓度的详细说明）在大气扩散模式中的毒性终点浓度。

（3）易燃物质

关于易燃物质，须假定压力容器或工艺管道中的全量泄漏形成蒸汽云。为了分析最大事故情景下的结果，需假定蒸汽云发生爆炸。如果使用 TNT 当量方法来进行分析，必须假定 10% 的爆炸因子。

本指南中详细说明易燃物质蒸汽云爆炸结果分析的终点阈值为 1 lb②/in² 超压。此阈值被认为是由爆炸引起的结构损害，继而对人类造成危害的最低阈值（例如，飞出的碎窗户玻璃片或损坏的房子结构受损造成的伤害）（参见附录 D.5 关于超压阈值的其他信息）。

（4）说明

最大事故情景分析进行的假设是为了得到最保守的影响距离，而不是准确预测泄漏造成的影响；在大多数情况下，预测结果会显著偏保守。但在某些特定情况下，实际泄漏条

---

① 1 ft=0.304 8 m。

② 1 lb≈0.45 kg。

件会比假设条件［例如，高温、高压或异常的天气条件（如逆温）］更加苛刻；在这样的情况下，预测结果会低估事故影响。

2.2 最大事故情景下泄漏物质总量的确定

美国 EPA 已将最大事故情景下泄漏情况定义为压力容器或工艺管道中物质全量泄漏，这将导致必须考虑达到终点浓度的最远距离时，容器可能存储的最大量。同样，对于管道泄漏，也需要考虑管道中物质可能泄漏的最大量。在确定最大量时，需依据容器或管道的设计存储量，而不是实际存储量。设计最大存储量是指压力容器或工艺管道中可存储的最大物质量，这个量可能大于正常存储量，如在储罐周转过程中，其临时存储量可能会大于正常存储量。

2.3 最大事故情景的选择

CFR 第 68 部分中，对最大事故情景的识别必须覆盖全流程。分析的最大事故情景数量需依赖众多因素。对表中的物质危害，仅需关注其特定毒性或可燃性，例如，假设有毒物质表中该物质若同样易燃，在分析中只关注毒性即可；同样易燃物质表中物质若有毒，在分析中也只考虑易燃危害即可。

对于"第一类固有风险水平"的企业，必须上报最大事故情景中终点浓度的最远距离。若该企业涉及表中多种物质，必须确定哪种物质的泄漏场景可以产生终点浓度的最远距离，并做上报。若该企业使用的表中物质既有毒性物质又有易燃性物质，仍只需报告产生最远预测距离的事故场景。该程序可以使用的前提必须是该企业属于"第一类固有风险水平"，即最大事故情景的终点浓度范围没有敏感目标并且满足"第一类固有风险水平"的其他判定准则。

对于"第二类固有风险水平"或"第三类固有风险水平"的企业，必须针对涉及达到临界值可燃及有毒物质，分别分析并报告一种最大事故情景。如果该企业涉及表中的多个物质，场景分析中物质选择应该是可能引起最严重装置外后果的物质。选择可能会引起最严重的装置外后果的有毒物质需进行识别分析，因为后果影响涉及诸多特性（如物质存量、毒性和挥发性）。同样，需要考虑泄漏源位置（到厂界的距离）和工艺条件（如高温）的不同。在选择最大事故情景时，可能对比考虑以下条件：

- 同样的泄漏总量，毒性终点浓度更低的物质泄漏更可能给出最远的扩散距离；
- 易挥发的高毒液体（如具有高饱和蒸气压或者较低的毒性终点浓度）同样更可能给出更远的预测距离（涉及此类物质基本不会列入"第一类固有风险水平"）；

- 在室温下，相对不易挥发（饱和蒸气压较低）的低毒液体（毒性终点浓度大）泄漏后可能会导致较小预测距离；通常在"第二类固有风险水平"或"第三类固有风险水平"项目中如果涉及表中其他有毒物质，会选择其他物质进行场景预测。但可能在"第一类固有风险水平"项目中要对该类物质分析最大事故情景。

针对易燃物质，必须在分析中考虑蒸汽云爆炸的可能后果。蒸汽云爆炸的严重性取决于形成蒸汽云的泄漏物质量、燃烧热和其他类似因素。在大多数情况下，我们可能会选择场景中存储量最大的物质作为分析对象。然而，具有较高燃烧热的物质，即使泄漏量较小，也可能产生较大的装置外超压影响。相反，燃烧热较低的物质，即使泄漏量较大，其影响可能较小。在某些情况下，易燃物质的位置也会影响潜在的装置外超压影响。例如，靠近界区的易燃物质可能因为泄漏点更接近易受影响区域，从而具有更大的潜在装置外超压影响，即使其存储量可能比远离界区的物质要小。

易燃物质的最大事故情景距离影响通常会小于具有类似存储量的有毒物质的事故影响距离。因为毒性终点浓度阈值相比于超压终点浓度来说往往更小。对于涉及易燃物质的装置，可通过进行场景后果分析来评估其对"第一类固有风险水平"项目的适用性，除非敏感目标距离工厂厂界较近。

3

毒性物质泄漏速率

本章介绍了一些预测毒性物质泄漏速率的简单方法，列举了一些简单的公式以及公式中针对不同物质使用的参数。预测的泄漏速率可作为预测毒性物质（气相或液相）扩散最远距离的输入（见第 4 章）。

3.1　有毒气体物质泄漏速率

除了常压下气相中可被冷凝液化的物质，在常温（25℃）下为气态的物质在后果分析中均应按照气相考虑。常压下可被冷凝液化的物质，若在沸点下泄漏入围堰可形成高于 1 cm 的液池，在后果分析中应按照液相考虑。若低温液体泄漏形成不高于 1 cm 的液池，则应按照气相考虑。模拟表明，这一类的液池蒸发速率不低于泄漏 10 min 内的气相泄漏速率，因此按照气相泄漏假设是合理的。气相泄漏时被动削减措施是可以纳入考虑的。

3.1.1　无削减措施泄漏

如果没有被动削减措施，则基于 40 CFR 68.25（c）的要求，假设 10 min 内完成最大泄漏量的泄漏。针对容器中的泄漏场景，泄漏速率计算方法如下：

$$QR = \frac{QS}{10} \tag{3-1}$$

式中：QR——泄漏速率，lb/min；

　　　QS——泄漏量，lb。

3.1.2　毒性气体在封闭空间的泄漏

如果气体在封闭空间（如一座建筑物的室内）泄漏，则泄漏到室外环境的泄漏速率会显著减小。这种类型的泄漏机理很复杂，但是可以应用本节中简化的方法预测泄漏发生在封闭空间的有毒气体泄漏至室外的速率。若泄漏发生在完全封闭空间，非气密空间直接与外界相连，则考虑一定系数（如 0.55）的削减。如果是泄漏发生在建筑物内部隔间，则应使用一个更小的系数（更大的削减）；反之，若泄漏发生时建筑物可能有门或玻璃窗被打开，则应使用一个大的系数（更小的削减）。除此之外，若在泄漏发生时，封闭环境不能承受泄漏产生的冲击，可能发生结构破损或化学品在室外（如在两个建筑物间进行运输）等，则不应采用室内削减因子。

对于最严重的情景，假设管道或容器失效引起最大泄漏量发生在 10 min 内。在 3.1.1 中已确定了无削减的泄漏速率。则室内泄漏速率应为最大泄漏速率的 55%（见附录 D 中 D.1.2 对该系数的推导），则削减的泄漏速率计算式如下：

$$QR = \frac{QS}{10} \times 0.55 \qquad (3\text{-}2)$$

式中：QR——泄漏速率，lb/min；

　　　　QS——泄漏量，lb；

　　　　0.55——削减系数。

3.1.3　围堰内液化有毒气体的泄漏

若毒性气体单纯是因冷却而液化，并且泄漏流入围堰形成高于 0.033 ft（1 cm）的液池，则泄漏最坏情景考虑液池在沸点下的蒸发，若形成的液池高度不高于 0.033 ft，则应用 3.1.1 或 3.1.2 中公式。针对围堰中的泄漏，首先需比较围堰面积与能形成的最大液池面积。最大液池面积可由式（3-6）计算，式中密度因子（DF）列举在附录 B 中。如果能形成的最大液池面积小于围堰面积，则泄漏可看作 10 min 的气相泄漏，由 3.1.1 来预测泄漏速率。若围堰面积小于液池最大面积，则应用 3.2.3 中对削减的液相泄漏速率模型来预测液池中物质在沸点下的蒸发。3.2.3 中式（3-8）使用的液体沸腾因子（LFB）可参见附录 B。

当得到泄漏速率后，液池中气相蒸发持续时间为液池中物质蒸发完成的时间，即液池中流入的总量除以泄漏速率。得到泄漏持续时间后，则可在第 4 章中选取恰当的距离参数表来估计泄漏后果距离（液氯或二氧化硫的距离预测不需要考虑持续时间，可以使用一个参照表。基本原因为 10 min 泄漏与更长时间的泄漏导致的扩散距离相比于其他扩散影响因素较小）。

3.2 有毒液体的泄漏速率

针对最坏情景假设，有毒液体泄漏至大气的泄漏速率被认为是液池的蒸发速率。本节提供了估计这种蒸发速率的方法。假设容器中所有量或管道中可泄漏最大量均泄漏入液池。考虑被动削减措施（如围堰等）对于液池面积及泄漏速率的影响。预测后果影响距离，必须首先预测液池蒸发持续时间及泄漏速率。

40 CFR 68.22（g）中规定，在泄漏速率的计算中，温度选取过去 3 年最大日平均温度或工艺温度中较高者。本章介绍了泄漏速率在 25℃温度下或沸点的计算方法，同时提供了温度为 25～50℃时泄漏速率的校正方法。

本节介绍的计算泄漏速率方法适用于在常温下为液体的物质泄漏，或物质仅因低温液化泄漏后形成的液池深度高于 1 cm。其他泄漏场景均按照气体泄漏考虑（见 3.1.1 及 3.1.2）。

3.2.1 管道中的有毒液体泄漏

考虑管道破损引起的有毒液体泄漏的最大量时，假定管道中充满了液体。预测管道中的液体质量，需要知道管道的长度及截面积。注意，由于泄漏的位置不同，有毒液体可能沿着管道截面的不同方向泄漏，可能顺着液体正常流向，也可能反向。因此考虑的长度应为地面上的管道全长，液体体积为长度乘以截面积。管道中的质量为体积除以密度因子（DF），再乘以 0.033［附录 B 中列入了不同的物质的密度因子，密度[①]可按照 1/（DF×0.33）来计算］。假设此质量全部泄漏入液池中，使用 3.2.2 中无削减措施泄漏模型以及 3.2.3 中被动削减泄漏模型来预测液池中的蒸发速率。

3.2.2 有毒液体无削减措施泄漏

如果没有任何削减措施，假设泄漏的有毒液体立即形成一个 1 cm 深的液池，下文介绍如何通过常温及高温下液池的蒸发速率来计算泄漏速率。

（1）环境温度

如果液体处于环境温度，在表 B-2 中查出物性的液体常温因子（LFA）与密度因子（DF）。如果环境温度为 25～50℃，则应用 3.2.5 中介绍的温度修正因子（TCF）修正计算泄漏速率。在 25℃的环境温度下液体泄漏速率计算采用式（3-3）：

$$QR = QS \times 1.4 \times LFA \times DF \qquad (3-3)$$

---

① 本书中密度计算采用英制单位。

式中：QR——泄漏速率，lb/min；

QS——泄漏量，lb；

1.4——风速因子，值为 1.5^{0.78}（1.5 为最严重情景下的风速，m/s）；

LFA——液体常温因子；

DF——密度因子。

（2）高温

若液体处于一个较高的温度（高于 50℃或接近其沸点），同样可在表 B-2 中查出物性的液体沸腾因子（LFB）与密度因子（DF）（参见附录 D.2.2 中参数的推导）。若温度大于50℃，应使用 3.2.5 中温度修正因子（TCF）对泄漏速率进行修正。如果温度大于 50℃或接近其沸点，或者无温度修正因子信息，则泄漏速率的计算式如下：

$$QR = QS \times 1.4 \times LFB \times DF \tag{3-4}$$

式中：QR——泄漏速率，lb/min；

QS——泄漏量，lb；

1.4——风速因子，值为 1.5^{0.78}；

LFB——液体沸腾因子；

DF——密度因子。

（3）泄漏持续时间

计算得到泄漏速率后，则可确定液池的气相蒸发时间（液池完全蒸发时间）。若计算为高于 25℃的液体，应用修正的泄漏速率计算泄漏持续时间。液池泄漏的持续时间为总泄漏出的液体量除以泄漏速率，计算式如下：

$$t = \frac{QS}{QR} \tag{3-5}$$

式中：QR——泄漏速率，lb/min；

QS——泄漏量，lb；

t——泄漏持续时间，min。

液池蒸发的持续时间可用来决定选择哪个表格预测扩散后果（见第 4 章）。

3.2.3 有被动削减措施的有毒液体泄漏

（1）有围堰泄漏

如果有毒液体泄漏入围堰，比较围堰面积与可形成的最大液池面积，两者中较小者应用计算蒸发速率。其中，可形成的最大液池面积为（液池深度 1 cm）：

$$A = QS \times DF \qquad (3\text{-}6)$$

式中：A——最大液池面积，ft^2 [①]；

　　　QS——泄漏量，lb；

　　　DF——密度因子（见附录 B 中的表 B-2）。

最大液池面积小于围堰面积：若最大液池面积小于围堰面积，则计算泄漏速率模型与之前介绍无削减措施泄漏公式相同。

围堰面积小于最大液池面积：如果围堰面积小于最大液池面积，若液体处于常温，则从表 B-2 中找液相常温因子（LFA）；若液体升温，则找出液体沸腾因子；若液体温度处于 25～50℃，则应用式（3-6）计算出泄漏速率后再乘以温度修正因子（3.2.5）。对于仅因低温液化的气体，应用附录 B-1 的 LFB。常温下，从围堰泄漏的泄漏速率如式（3-7）：

$$QR = 1.4 \times LFA \times A \qquad (3\text{-}7)$$

若泄漏液体处于高温或纯液化气态，则：

$$QR = 1.4 \times LFB \times A \qquad (3\text{-}8)$$

式中：QR——泄漏速率，lb/min；

　　　1.4——风速因子，为 $1.5^{0.78}$（1.5 为最严重情景下的风速，m/s）；

　　　LFA——液体常温因子（附录 B）；

　　　A——最大液池面积，ft^2；

　　　LFB——液体沸腾因子（附录 B 中表 B-1 为低温液化物质，表 B-2 为液体）。

围堰的溢流：若发生较大的液相泄漏，需考虑液相是否会从围堰中溢流，步骤如下：①计算围堰的体积，即围堰的表面积乘以围堰深度；②计算液体的泄漏量，如前述公式介绍；③比较围堰体积与液体泄漏体积，如果液体泄漏体积大于围堰体积：

　　—— 从总的液体泄漏体积中减去围堰体积，得到可能流出围堰的液体体积；

　　—— 计算溢流出的液体可形成的最大液池面积（溢流体积除以 0.033）；

　　—— 将围堰的表面积与溢流液体形成的液池面积加和求出总面积；

　　—— 由上面介绍公式计算蒸发速率。

获得蒸发速率后，通过将泄漏总质量除以泄漏速率后得到液池气相蒸发速率持续时间。

（2）其他容器

如果有毒液体泄漏入集水池或地沟，则考虑泄漏总质量及潜在接触大气的面积；考虑

---

① 1 ft^2＝0.092 9 m^2。

地沟的长度或其他面积；考虑可能形成液池的面积，之后应用以上介绍的方法计算泄漏速率。

（3）泄漏入建筑物

如果有毒液体泄漏入建筑物，则比较实际可形成液池面积（取决于地面面积或其他被动削减措施）与最大可形成液池面积（如果液体未被收集），其中较小的液池面积将用来计算蒸发速率。最大可形成液池面积可由式（3-6）计算。若有毒液体可流入整个楼层，则楼层最大液池面积计算式如下：

$$A = L \times W \qquad (3\text{-}9)$$

式中：A——最大液池面积，ft^2；

    L——长度，ft；

    W——宽度，ft。

若建筑物内有围堰等障碍物，液池尺寸确定应基于围堰或其他障碍物。

最大液相蒸发出建筑物的泄漏速率应考虑 10% 的最坏情景下蒸发速率（参见附录 D.2.4，该因子推导），见式（3-10）：

$$QR_B = 0.1 \times QR \qquad (3\text{-}10)$$

式中：QR_B——蒸发出建筑物的泄漏速率，lb/min；

    QR——液池蒸发速率，lb/min；

    0.1——削减系数。

注意：式中削减系数 0.1 为假设泄漏发生在全封闭环境，是无直接空气连接设施的泄漏，并不适用于泄漏发生在建筑物内的情景，以及泄漏时建筑物有打开的门或玻璃窗。针对这些情况，需要针对特定情况确定恰当的被动削减系数。

3.2.4 含有毒液体的混合物

含有毒物质的混合物，当有毒物质的质量浓度小于 1%，或者其分压小于 10 mmHg 时，可不计入考虑范围。当泄漏的液体混合物，含有毒性物质且其分压大于 10 mmHg（水溶液除外）时，可通过以下方法预测泄漏速率：

■ 应用 3.2.2 或 3.2.3 中介绍的方法，将混合物中有毒物质的量按照纯物质考虑，按该物质选取液相因子（LFA 或 LFB）以及密度因子。这种处理方法较简单，但比较保守。

■ 如果混合物中有毒物质的分压已知，可计算出一个较实际的蒸发速率。附录 B.2 中的公式给出了蒸发速率的计算方法：

—— 此时，针对无削减措施泄漏，应用整个混合物的质量估计液池尺寸。若已知混合密度，则可应用其估计液池尺寸；若混合密度未知，则密度选取纯组分的密度值计算。

■ 可应用附录 B.2 中介绍的方法计算混合物中有毒物质的分压。该方法可用于混合物中的各个组分间无相互作用的情况，对于大多数水溶液并不适用。当针对存在氢键的水溶液，应用此方法时物质分压估计往往过高。此时，按整个混合物质量形成液池，进行无削减措施泄漏。

3.2.5　温度为 25～50℃有毒液体泄漏速率修正

当液体温度为 25～50℃时，后果影响分析时应采用一个较高的温度。泄漏速率采用液池温度为 25℃计算后，应从附录 B-4 中采用一个较高的温度选取温度修正因子（TCF）。计算修正的泄漏速率方法：①应用 3.2.2 中的公式计算 25℃下无削减措施泄漏或 3.2.3 中的公式计算被动削减措施泄漏。②首先从表 B-4 左列找到对应液相物质，然后在表 B-4 首行中找到对应的温度，如果温度在两个温度之间，则选取较高的温度，对应找到 TCF。③应用 TCF 计算修正泄漏速率，见式（3-11）：

$$QR_c = QR \times TCF \qquad (3\text{-}11)$$

式中：QR_c——修正的泄漏速率，lb/min；

　　　　QR——温度为 25℃的泄漏速率，lb/min；

　　　　TCF——温度修正因子。

对于温度修正因子的偏差在附录 D.2.2 中有所讨论。如果液体的温压数据不在表 B-4 中，可应用 D2.2 中公式进行蒸发速率的修正。

3.3　含有毒物质的水溶液以及发烟硫酸的泄漏速率

本节将介绍几种常见物质的水溶液的泄漏速率计算方法。发烟硫酸的泄漏速率也在本节中进行介绍。

水溶液中溶质的气相分压以及蒸发速率取决于其在水溶液中的浓度。当含有易挥发的有毒物质水溶液发生泄漏，初始时泄漏溶液中毒性物质蒸发比水快，气相分压以及蒸发速率会随着水溶液中有毒溶质浓度的减少而降低。当溶质的浓度很低时，水蒸发速率会比溶质的蒸发速率快很多。存在一个浓度值，其溶液的组成不会随着蒸发的发生而变化。对于大多数研究情况，溶液浓度高于此浓度值。

对于计算溶液的泄漏速率，本指南列举了几种常见水溶液的不同浓度的液相因子（常温)。表 B-3 列举了氨、甲醛、盐酸、硝酸水溶液的不同浓度的 LFA 与 DF。这些参数可以用来计算评价溶液液池的平均泄漏速率。液相因子提供两种风速值,因为在不同风速下蒸发速率不同。

对于最坏情景,应用 1.5 m/s 的风速因子。只考虑前 10 min 常温下水溶液泄漏下的后果影响距离,因为水溶液中的有毒物质在泄漏后的前几分钟蒸发最快(此时浓度最高)。计算表明,仅考虑前 10 min 的泄漏可以对总泄漏后果有较好的估计。尽管之后有毒物质仍在泄漏,但其蒸发速率相比较而言很低,因此,在计算后果影响距离时可被忽略(见附录 D.2.3)。泄漏速率计算方法如下:

常温下:

● 无削减措施:如果没有削减措施并且溶液处于常温,则从表 B-3 中查出溶液在 1.5 m/s 风速因子的 LFA 及 DF。根据 3.2.2 中介绍的液体泄漏速率方法计算溶液中溶质的泄漏速率。应用总溶液的质量作为计算泄漏速率的泄漏量(QS)。

● 有削减措施:如果有削减措施,并且溶液处于常温,则从表 B-3 中查出溶液在 1.5 m/s 风速因子的 LFA 及 DF。根据 3.2.3 中介绍的液体泄漏速率方法计算溶液中溶质的泄漏速率。应用溶液的总质量来预测最大液池面积,并与围堰面积进行比较。

高温下:

● 气相分压已知:如果溶液处于较高的温度,溶质的气相分压以及泄漏速率将会非常高。本指南中并不包含溶液中溶质的温度修正因子。如果已知有毒物质的气相分压,则可以应用附录 D.2.1 及 D.2.2 中介绍的方法计算泄漏速率。仅需考虑前 10 min 的泄漏,因为有毒物质的蒸发速率会随着浓度衰减降低得非常快。

● 气相分压未知:如果溶液中溶质的气相分压未知,分析最坏情景时,考虑较保守的计算方法,如下:

—— 溶液中溶质在常温下为气相情况。有些溶质,在纯组分常温下为气相,但大多数为水溶液(如氨、甲醛、盐酸或氢氟酸等)。若关注的温度气相分压未知或想简化,则可假设一定量的纯溶质以气相泄漏 10 min,计算方法如 3.1 所示。纯物质的量可由溶液中的浓度计算得到。

—— 溶液中溶质为液相:若已知液相溶质的气相分压(如硝酸或三氧化硫在水溶液),可应用该数据计算泄漏速率。同样只需要考虑前 10 min 的蒸发。

若硝酸水溶液在高于常温下泄漏,若气相分压未知或倾向于应用较简单的方法,则从溶液中的浓度中计算出纯硝酸质量。假设该量的纯硝酸在高温下泄漏,并用 3.2 中介绍模型应用 LFB 计算泄漏速率。若温度为 25~50℃,则应用 LFA 及温度修正因子。因为仅考虑前 10 min 的泄漏,则无须计算泄漏持续时间。

类似地,对于计算高温的发烟硫酸泄漏速率,通过浓度计算出游离的三氧化硫量,并假设三氧化硫在高温下的泄漏速率。应用 LFB 或 LFA 以及温度修正因子计算泄漏速率。同样仅需要考虑前 10 min 的泄漏。

当溶液泄漏入围堰中，需要考虑溶液的总质量，以确定液体是否会在围堰中溢流。如果通过计算发现液体有可能会溢流，则在计算泄漏速率时需要同时知道纯物质留在围堰中的量以及流出围堰的量（3.2.3）。

4

最大泄漏事故有毒物质毒性终点距离评估

　　本指南对中质气体/蒸汽、重质气体/蒸汽、乡村（开放）/城市（封闭/拥塞）地区给出了最大泄漏事故毒性终点距离参考表。本章详细描述了这些参考表，以便读者找到合适的最大泄漏事故的后果预测表。

　　中质气体/蒸汽与空气密度基本相同，而重质气体/蒸汽比空气重。在泄漏事故状态下，中质气体与重质气体的扩散方式不同。因此，采用模型建立不同的参考表。这些通用的参考表可以估算某种物质及泄漏速率对应的毒性终点距离。除了通用参考表，还为氨、氯和二氧化硫提供了专用的参考表。这些特定的化学物质的表是基于建模的行业指导性文件开发的。所有的表都基于风速为 1.5 m/s（3.4 mile/h）和 F 类稳定度。要使用这些表，需要给出在前几节中描述的最坏情景下的泄漏速率。对于液池蒸发，还需要提供泄漏的持续时间。此外，要使用这些表，需要确定合适的毒性终点，并通过附录 B 判断气体或蒸汽是中质气体还是重质气体。

　　通用参考表包括泄漏时间为 10 min 和 60 min 两种情景。如果泄漏时间为 10 min 或更少，请使用泄漏时间为 10 min 的表；如果泄漏时间超过 10 min，请使用泄漏时间为 60 min 的表。对于最大泄漏事故情景分析，所有的有毒气体泄漏时间假定为 10 min。需要根据式（3-5）计算有毒物质液池蒸发的泄漏持续时间。对于有毒液体的水溶液或发烟硫酸的蒸发，应使用泄漏时间为 10 min 的表。

　　通用距离参考表（参考表 1～表 8）适用于除氨、氯和二氧化硫以外的其他物质，这些物质使用的表格在第 5 章结尾列出。通用参考表及其适用条件在通用表 2 中列出。第 5 章通用参考表后为特定的化学品参考表格。这些特定的化学品表中均列出了乡村和城市两种模式。这些表在通用表 3 中进行了描述。

请注意，这些参考表仅提供了初步的估算结果，并不是准确的预测值。特别是，尽管这些表中的距离已经长达 25 mile，但应牢记距离（6～10 mile）是非常不确定的。

请按照下列步骤，使用距离参考表。

<u>除氨、氯和二氧化硫以外表中有毒物质</u>

——找出附录 B 中的该种物质的毒性终点（表 B-1 是有毒气体，表 B-2 是有毒液体）。

——根据附录 B 确定选择适用于中质气体表还是重质气体表。某些比空气轻的有毒气体如果在加压液化状态下泄漏，由于泄漏气体可能混有液滴，或者由于温度较低，其扩散方式也可能与重质气体相同。在选择适用表时需考虑泄漏气体的状态。

确定厂址地表是位于乡村还是城市，选择相应表：

——如果厂址位于开阔地区，没有建筑物，则选择乡村表；

——如果厂址位于城市或建筑物较为密集地区，则选择城市表。如果该地区有很多建筑物，即使是位于乡村地区而非城市，也应选择城市表。

确定选择泄漏时间为 10 min 的表还是 60 min 的表：

——对应有毒气体最大泄漏事故情景，应选择泄漏时间为 10 min 的表；

——对于普通水溶液和浓硫酸液池蒸发事故，无论是环境温度还是蒸发温度，应选择泄漏时间为 10 min 的表；

——如果有毒液体液池蒸发时间不大于 10 min，则选择 10 min 的表；

——如果有毒液体液池蒸发时间大于 10 min，则选择 60 min 的表。

通用表 2 最大事故情景距离与通用参考表对应关系

适用条件			参考表编号
气体或蒸汽密度	地表	泄漏时间/min	
中质气体	乡村	10	1
		60	2
	城市	10	3
		60	4
重质气体	乡村	10	5
		60	6
	城市	10	7
		60	8

通用表 3　特定化学物质最大事故情景距离与通用参考表对应关系

物质名称	适用条件			参考表编号
	气体或蒸汽密度	地表	泄漏时间/min	
液氨	重质气体	乡村，城市	10	9
没有液化的氨，通过制冷液化的氨，或者氨水	中质气体	乡村，城市	10	10
氯	重质气体	乡村，城市	10	11
二氧化硫（无水）	重质气体	乡村，城市	10	12

中质气体/蒸汽

如果根据附录 B 中表 B-1 或表 B-2 判断，气体或蒸汽应视为中质气体，且没有其他因素可能导致气体或蒸汽的扩散方式与重质气体相同，则将预测泄漏速率（lb/min）除以毒性终点（mg/L）。

找到泄漏速率/毒性终点范围，包括在表中第一列计算出的泄漏速率/毒性终点（参考表 1、参考表 2、参考表 3、参考表 4），然后找到右侧相应的距离（见例 1）。

重质气体/蒸汽

如果根据附录 B 中表 B-1 或表 B-2，或其他因素判断，视为重质气体或蒸汽，按以下步骤找到参考表 5、表 6、表 7、表 8 中的距离。

——在表标题行找到与该物质最接近的毒性终点。如果该物质的毒性终点为中间值，则选择表中所列的较小值（左侧）。否则，选择与右侧或左侧最接近的值。

——在表左侧找到与预测的泄漏速率最接近的泄漏速率。如果计算值为中间值，选择泄漏速率较大值（列于下方）。否则，选择最接近的值（在表上方或下方）。

——在泄漏速率和毒性终点中查找到相应的距离。

氨、氯和二氧化硫

找到指定的化学品的适用表（通用表 3 中所列及参考表 9~表 12 中的描述）

——如果为制冷制得的液氨，可参考表 10，即使泄漏时间可能大于 10 min。

——如果为冷冻制得的液氯或二氧化硫，可以选择化学品参考表，即使泄漏时间可能大于 10 min。

确定厂址地表是乡村还是城市：

——如果厂址位于开阔地区，且建筑物很少，则使用表中乡村对应的数据。

——如果厂址位于城市，或厂址周围分布有很多建筑物，则使用表中城市对应的数据。如果厂址所在地区分布有很多建筑物，则使用表中城市对应的数据，即使厂址位于偏远地区，而非城市内。

按以下方案预测影响距离：

——在表左列找到与计算值相近的泄漏速率。

——在表右列城市或乡村栏中找到对应的距离。

附录 D 中的 D.4.1 和 D.4.2 对参考表 1～表 8 的建立过程进行了讨论。在"工业风险管理程序指南"(Industry-specific Risk Management Program Guidance)和 D.4.3 的备份文件中对表 9～表 12 的发展进行了讨论。如果认为本方法给出的结果大于工厂最大事故可能的影响，可以选择其他方法或模型，考虑更多现场因素。

在下述的例 2 和例 3 中，包括了利用其他两种方法得出的结果，这两种方法分别为危险化学品泄漏分析工具(the Areal Locations of Hazardous Atmospheres，ALOHA)和世界银行危害因素分析(the World Bank Hazards Analysis，WHAZAN)。通过对比上述结果，可以对本指南中的方法与其他方法进行比较。附录 D 中的 D.4.5 给出了 ALOHA 和 WHAZAN 方法的计算模型。

例 1　气体泄漏（以乙硼烷为例）

在案例中，计算得出乙硼烷气体的泄漏速率为 250 lb/min。通用表 B-1 中给出乙硼烷的毒性终点为 0.001 1 mg/L，乙硼烷适用于中质气体表。厂址及周围地区分布有很多建筑物、设备和其他阻挡物，因此地表假设为"城市"。根据上述条件选择表 3，10 min 泄漏，中质气体和城市地区。

本例中有毒气体泄漏速率除以毒性终点为 250/0.001 1≈230 000。

参考表 3，泄漏速率除以毒性终点值在 221 000～264 000，相应得出距离为 8.1 mile。

例 2　气体泄漏（以环氧乙烷为例）

装有 10 000 lb 环氧乙烷的储罐，在大气压环境下，假设 10 min 时间储罐内的 10 000 lb 物料全部泄漏，则泄漏速率(QR)见式(3-1)：

$$QR = 10\ 000\ lb/10\ min = 1\ 000\ lb/min$$

从附录表 B-1 中可知，环氧乙烷的毒性终点是 0.09 mg/L，适用于重质气体表。装置处于开放的乡村地区，少有障碍物，因此使用"乡村地区"表。

查参考表 5 可知 10 min 致密气体在乡村环境泄漏，毒性限值为 0.09 mg/L，比 0.075 更靠近的是 0.1。泄漏速率为 1 000 lb/min，则 0.1 mg/L 对应的距离为 3.6 mile。

对比模型：

应用相同的假设，ALOHA 模型计算出的距离为 2.2 mile；

应用相同的假设和密集云扩散模型，WHAZAN 模型计算出的距离为 2.7 mile。

例3 液池蒸发（以丙烯腈为例）

估算某丙烯腈泄漏形成 20 000 lb 未用围堰拦截的液池的蒸发速率为 307 lb/min，蒸发持续时间为 65 min。从附录表 B-2 中可知，丙烯腈的毒性终点为 0.076 mg/L，在泄漏最不利情况下的泄漏可参考重质气体表。厂址处于城市环境，因此查参考表 8，重质气体在城市环境下泄漏 60 min。

根据参考表 8，毒性限值最靠近 0.076 的是 0.075 mg/L，最靠近 307 lb/min 的泄漏速率为 250 lb/min。根据这些值，表 8 给出的泄漏最坏情景下的距离为 2.9 mile。

对比模型：

应用相同的假设和 307 lb/min 的泄漏速率，ALOHA 模型计算出的距离为 1.3 mile；

应用相同的假设和重质气体扩散模型及 307 lb/min 的泄漏速率，WHAZAN 模型计算出的距离为 1.0 mile。

5

对可燃物质超压时最终浓度值所对应距离的估算

对于最坏情景，包括可燃气体和可燃液体的泄漏，必须假设全部可燃物质泄漏后蒸汽云在爆炸极限范围内并且有引爆点。作为一种保守的最大事故情景的假设，本指南中假设在蒸汽云中有 10%的可燃气体参与了爆炸。需要估算 1 lb/ft^2 的超压等级蒸汽云爆炸的后果距离。1 lb/ft^2 的超压可能引起房屋部分受损，并可能造成人员重伤。如飞溅的破损玻璃可能造成皮肤的受伤。

本章提出了一种简单的方法来估算限用物质在最终浓度时的蒸汽云爆炸的最远距离。本指南的方法是基于 TNT-当量模型来分析蒸汽云爆炸。有其他的方法可用于蒸汽云爆炸分析评估。可以考虑更多的实际场景。如果满足所有基本假定的可燃物质进入蒸汽云，并且选用 1 psi 作为超压终点，可选用其他的抗爆分析方法。如果选用 TNT-当量模型，需假设取得 10%的泄漏物参与爆炸。附录 A 列举了关于蒸汽云爆炸模型的相关参考文献。

5.1　单一可燃物质

对于单一可燃物质最大事故情景的分析，可使用参考表 13 估算对于给定质量的特定可燃物质爆炸超压后果的距离。这个表提供超压 1 psi，质量在 500～2 000 lb 蒸汽云爆炸距离。这些距离是由 TNT-当量模型估算的，见附录 C 中式（C-1）。使用的最大事故情景的假设在上文中有所描述，数据可查询附录 C 中式（C-1）。如果愿意，可以计算可燃物质从可燃物质燃烧的热值和式（C-1）或式（C-2）中得到最大事故情景后果的距离。

例4　蒸汽云爆炸（以丙烷为例）

50 000 lb 的丙烷储罐，从参考表13中可看出，1 psi 超压的距离为 0.3 mile，或从附录 C 中式（C-2）对 1 psi 的距离进行计算

$$D = 0.008\,1 \times \left[0.1 \times 50\,000 \times (46\,333 / 4\,680)\right]^{1/3}$$

$$D = 0.3（\text{mile}）$$

5.2　混合可燃物质

如果有超过 10 000 lb 的可燃混合物，并且该混合物符合 CAA 112（r）节中的规定［闪点低于 22.8℃（73℉），沸点低于 37.8℃（100℉），NFPA 标准中认定的 4 级火灾危险等级］。应对该混合物在最大事故情景下的结果进行分析（如果混合物本身不符合以上标准，也不需要进行分析，即使混合物中含有一种或多种表中物质）。应使用混合物中可燃物质的总量来进行分析，此部分不包含不可燃的组分。然而，如果混合物中存在表外的易燃物质，则应在分析中包括该物质的数量。

简单来说，如果蒸汽云的所有组分都为可燃物质，可以基于混合物质中的主要组分或有最高燃烧热的组分（附录 C-1 中燃烧热的数值）进行最大事故情景的分析。按照参考表 13 对那些具有最高燃烧热的物质估计结果的距离，假定在蒸汽云中的质量与混合物中所有物质的质量相等。如果有一种混合物，其各组分的燃烧热差别不是很大（如烃类混合物），这种方法就可能给出一个最合理的结果。

此外，可以采用附录 C 中 C.2 中的方法，通过混合物组分的燃烧热来估算整个混合物中的燃烧热。然后用附录 C 中的式（C-1）或式（C-2）来确定蒸汽云爆炸的距离。当混合物中的部分组分具有明显不同的燃烧热（如氢和烃类混合物的混合物），并且该组分是混合物中的重要部分时，此方法是可行的。

例 5 和例 6 阐述了两种分析方法。在例 5 中，估算了混合物的燃烧热，并且利用式（C-2）计算到达超压终点的最远距离；在例 6 中，可假定用有最高燃烧热的组分来代表整个混合物，其最终浓度值可在附录 B 中查询。本例中包含两种碳水化合物的混合物，不同的方法给出的结果也比较相似。

例5　估算混合物蒸汽云爆炸产生的燃烧热分析

混合物中有 8 000 lb 的乙烯（反应物）和 2 000 lb 的异丁烷（载体）。如进行最大事故情景的分析，须根据混合物中各组分的燃烧热来估算混合物的燃烧热（乙烯的燃烧热=47 145 J/kg；异丁烷的燃烧热=47 145 J/kg）。运用式（C-3）：

$$HC_m = \left[\frac{\left(\frac{8\,000}{2.2}\right)}{\left(\frac{10\,000}{2.2}\right)} \times 47\,145\right] + \left[\frac{\left(\frac{2\,000}{2.2}\right)}{\left(\frac{10\,000}{2.2}\right)} \times 45\,576\right]$$

$$HC_m = (37\,716) + (9\,115)$$

$$HC_m = 46\,831 \text{ kJ/kg}$$

现在运用计算出的燃烧热值，继续运用公式（C-2）来计算在 1 psi 蒸汽云爆炸的超压环境下的最远距离。

$$D = 0.008\,1 \times [0.1 \times 10\,000 \times (46\,831/4\,680)]^{1/2}$$

$$D = 0.2 \text{ mile}$$

例6　可燃混合物的蒸汽云爆炸（以乙烯和异丁烷为例）

10 000 lb 的混合物中有乙烯（反应物）和异丁烷（载体）。进行最大事故情景的分析，假设蒸汽云中的总质量就是混合物的总质量。使用乙烯的数据，因为乙烯的燃烧热值最高 [乙烯的燃烧热=47 145 J/kg；异丁烷的燃烧热=47 145 J/kg，数据来源于附录 C 中的式（C-1）]。从参考表 13 中可以看出，10 000 lb 的乙烯在 1 psi 超压条件下的距离是 0.2 mile；这个距离也是 10 000 lb 乙烯和异丁烷混合物所达到的最远距离。

参考表 1 中质气体毒性终点距离（泄漏速率/毒性终点）

（10 min 泄漏、乡村地区，F 稳定度，风速 1.5 m/s）

泄漏速率/毒性终点/ [（lb/min）/（mg/L）]	毒性终点距离/ mile	泄漏速率/毒性终点/ [（lb/min）/（mg/L）]	毒性终点距离/ mile
0~4.4	0.1	16 000~18 000	4.8
4.4~37	0.2	18 000~19 000	5.0
37~97	0.3	19 000~21 000	5.2
97~180	0.4	21 000~23 000	5.4
180~340	0.6	23 000~24 000	5.6
340~530	0.8	24 000~26 000	5.8
530~760	1.0	26 000~28 000	6.0
760~1 000	1.2	28 000~29 600	6.2
1 000~1 500	1.4	29 600~35 600	6.8
1 500~1 900	1.6	35 600~42 000	7.5
1 900~2 400	1.8	42 000~48 800	8.1
2 400~2 900	2.0	48 800~56 000	8.7
2 900~3 500	2.2	56 000~63 600	9.3
3 500~4 400	2.4	63 600~71 500	9.9
4 400~5 100	2.6	71 500~88 500	11
5 100~5 900	2.8	88 500~107 000	12
5 900~6 800	3.0	107 000~126 000	14
6 800~7 700	3.2	126 000~147 000	15
7 700~9 000	3.4	147 000~169 000	16
9 000~10 000	3.6	169 000~191 000	17
10 000~11 000	3.8	191 000~215 000	19
11 000~12 000	4.0	215 000~279 000	22
12 000~14 000	4.2	279 000~347 000	25
14 000~15 000	4.4	>347 000	>25*
15 000~16 000	4.6		

注：* 表示按 25 mile 计算。

参考表 2 中质气体毒性终点距离（泄漏速率/毒性终点）

（60 min 泄漏、乡村地区、F 稳定度，风速 1.5 m/s）

泄漏速率/毒性终点/ [（lb/min）/（mg/L）]	毒性终点距离/ mile	泄漏速率/毒性终点/ [（lb/min）/（mg/L）]	毒性终点距离/ mile
0～5.5	0.1	7 400～7 700	4.8
5.5～46	0.2	7 700～8 100	5.0
46～120	0.3	8 100～8 500	5.2
120～220	0.4	8 500～8 900	5.4
220～420	0.6	8 900～9 200	5.6
420～650	0.8	9 200～9 600	5.8
650～910	1.0	9 600～10 000	6.0
910～1 200	1.2	10 000～10 400	6.2
1 200～1 600	1.4	10 400～11 700	6.8
1 600～1 900	1.6	11 700～13 100	7.5
1 900～2 300	1.8	13 100～14 500	8.1
2 300～2 600	2.0	14 500～15 900	8.7
2 600～2 900	2.2	15 900～17 500	9.3
2 900～3 400	2.4	17 500～19 100	9.9
3 400～3 700	2.6	19 100～22 600	11
3 700～4 100	2.8	22 600～26 300	12
4 100～4 400	3.0	26 300～30 300	14
4 400～4 800	3.2	30 300～34 500	15
4 800～5 200	3.4	34 500～38 900	16
5 200～5 600	3.6	38 900～43 600	17
5 600～5 900	3.8	43 600～48 400	19
5 900～6 200	4.0	48 400～61 500	22
6 200～6 700	4.2	61 500～75 600	25
6 700～7 000	4.4	＞75 600	＞25*
7 000～7 400	4.6		

注：* 表示按 25 mile 计算。

参考表 3 中质气体毒性终点距离（泄漏速率/毒性终点）

（10 min 泄漏、城市地区，F 稳定度，风速 1.5 m/s）

泄漏速率/毒性终点/ [（lb/min）/（mg/L）]	毒性终点距离/ mile	泄漏速率/毒性终点/ [（lb/min）/（mg/L）]	毒性终点距离/ mile
0～21	0.1	76 000～83 000	4.8
21～170	0.2	83 000～90 000	5.0
170～420	0.3	90 000～100 000	5.2
420～760	0.4	100 000～110 000	5.4
760～1 400	0.6	110 000～120 000	5.6
1 400～2 100	0.8	120 000～130 000	5.8
2 100～3 100	1.0	130 000～140 000	6.0
3 100～4 200	1.2	140 000～148 000	6.2
4 200～6 100	1.4	148 000～183 000	6.8
6 100～7 800	1.6	183 000～221 000	7.5
7 800～9 700	1.8	221 000～264 000	8.1
9 700～12 000	2.0	264 000～310 000	8.7
12 000～14 000	2.2	310 000～361 000	9.3
14 000～18 000	2.4	361 000～415 000	9.9
18 000～22 000	2.6	415 000～535 000	11
22 000～25 000	2.8	535 000～671 000	12
25 000～29 000	3.0	671 000～822 000	14
29 000～33 000	3.2	822 000～990 000	15
33 000～39 000	3.4	990 000～1 170 000	16
39 000～44 000	3.6	1 170 000～1 370 000	17
44 000～49 000	3.8	1 370 000～1 590 000	19
49 000～55 000	4.0	1 590 000～2 190 000	22
55 000～63 000	4.2	2 190 000～2 890 000	25
63 000～69 000	4.4	＞2 890 000	＞25*
69 000～76 000	4.6		

注：* 表示按 25 mile 计算。

参考表 4 中质气体毒性终点距离（泄漏速率/毒性终点）

（60 min 泄漏、城市地区，F 稳定度，风速 1.5 m/s）

泄漏速率/毒性终点/ [（lb/min）/（mg/L）]	毒性终点距离/ mile	泄漏速率/毒性终点/ [（lb/min）/（mg/L）]	毒性终点距离/ mile
0～26	0.1	34 000～36 000	4.8
26～210	0.2	36 000～38 000	5.0
210～530	0.3	38 000～41 000	5.2
530～940	0.4	41 000～43 000	5.4
940～1 700	0.6	43 000～45 000	5.6
1 700～2 600	0.8	45 000～47 000	5.8
2 600～3 700	1.0	47 000～50 000	6.0
3 700～4 800	1.2	50 000～52 200	6.2
4 800～6 400	1.4	52 200～60 200	6.8
6 400～7 700	1.6	60 200～68 900	7.5
7 700～9 100	1.8	68 900～78 300	8.1
9 100～11 000	2.0	78 300～88 400	8.7
11 000～12 000	2.2	88 400～99 300	9.3
12 000～14 000	2.4	99 300～111 000	9.9
14 000～16 000	2.6	111 000～137 000	11
16 000～17 000	2.8	137 000～165 000	12
17 000～19 000	3.0	165 000～197 000	14
19 000～21 000	3.2	197 000～232 000	15
21 000～23 000	3.4	232 000～271 000	16
23 000～24 000	3.6	271 000～312 000	17
24 000～26 000	3.8	312 000～357 000	19
26 000～28 000	4.0	357 000～483 000	22
28 000～30 000	4.2	483 000～629 000	25
30 000～32 000	4.4	＞629 000	＞25[*]
32 000～34 000	4.6		

注：* 表示按 25 mile 计算。

参考表 5　重质气体毒性终点距离

（10 min 泄漏、乡村地区，F 稳定度，风速 1.5 m/s）

泄漏速率/（lb/min）	最终有毒物质浓度值/（mg/L）															
	0.000 4	0.000 7	0.001	0.002	0.003 5	0.005	0.007 5	0.01	0.02	0.035	0.05	0.075	0.1	0.25	0.5	0.75
	距离/mile															
1	2.2	1.7	1.5	1.1	0.8	0.7	0.5	0.5	0.3	0.2	0.2	0.2	0.1	0.1	#	#
2	3.0	2.4	2.1	1.5	1.1	0.9	0.7	0.7	0.4	0.3	0.3	0.2	0.2	0.1	<0.1	<0.1
5	4.8	3.7	3.0	2.2	1.7	1.5	1.2	1.0	0.7	0.5	0.4	0.3	0.3	0.2	0.1	0.1
10	6.8	5.0	4.2	3.0	2.4	2.1	1.7	1.4	1.0	0.7	0.6	0.5	0.4	0.2	0.2	0.1
30	11	8.7	6.8	5.2	3.9	3.4	2.8	2.4	1.7	1.3	1.1	0.9	0.7	0.4	0.3	0.2
50	14	11	9.3	6.8	5.0	4.2	3.5	3	2.2	1.7	1.4	1.1	0.9	0.6	0.4	0.3
100	19	15	12	8.7	6.8	5.8	4.8	4.2	2.9	2.2	1.9	1.6	1.3	0.8	0.5	0.4
150	24	18	15	11	8.1	6.8	5.7	5.0	3.6	2.7	2.3	1.9	1.6	0.9	0.6	0.5
250	>25	22	19	14	11	8.7	7.4	6.2	4.5	3.4	2.8	2.3	2.0	1.2	0.8	0.6
500	*	>25	>25	19	14	12	9.9	8.7	6.2	4.7	3.8	3.1	2.7	1.6	1.1	0.9
750	*	*	*	23	17	15	12	11	7.4	5.5	4.5	3.7	3.2	1.9	1.3	1.0
1 000	*	*	*	>25	20	17	14	12	8.1	6.2	5.2	4.2	3.6	2.2	1.4	1.1
1 500	*	*	*	*	24	20	16	14	9.9	7.4	6.2	5.0	4.3	2.5	1.7	1.3
2 000	*	*	*	*	>25	23	19	16	11	8.7	6.8	5.6	4.8	2.9	1.9	1.5
2 500	*	*	*	*	*	>25	20	18	12	9.3	8.1	6.2	5.3	3.2	2.1	1.6
3 000	*	*	*	*	*	*	23	20	14	9.9	8.7	6.8	5.6	3.4	2.2	1.7
4 000	*	*	*	*	*	*	>25	22	16	11	9.3	7.4	6.2	3.8	2.5	2.0
5 000	*	*	*	*	*	*	*	25	17	13	11	8.7	6.8	4.2	2.7	2.1
7 500	*	*	*	*	*	*	*	>25	20	15	12	9.9	8.7	4.9	3.2	2.5
10 000	*	*	*	*	*	*	*	*	24	17	14	11	9.3	5.5	3.6	2.8
15 000	*	*	*	*	*	*	*	*	>25	20	17	13	11	6.2	4.2	3.2
20 000	*	*	*	*	*	*	*	*	25	19	15	12	7.4	4.7	3.7	
50 000	*	*	*	*	*	*	*	*	>25	>25	21	18	10	6.6	5.0	
75 000	*	*	*	*	*	*	*	*	*	*	>25	21	12	7.6	5.8	
100 000	*	*	*	*	*	*	*	*	*	*		24	13	8.5	6.4	
150 000	*	*	*	*	*	*	*	*	*	*		>25	15	9.8	7.4	
200 000	*	*	*	*	*	*	*	*	*	*		*	17	11	8.2	

注：* >25 mile 的时候按 25 mile 计算；# <0.1 mile 的时候按 0.1 mile 计算。

参考表6　重质气体毒性终点距离

（60 min 泄漏、乡村地区，F 稳定度，风速 1.5 m/s）

泄漏速率/(lb/min)	最终有毒物质浓度值/（mg/L）　距离/mile															
	0.000 4	0.000 7	0.001	0.002	0.003 5	0.005	0.007 5	0.01	0.02	0.035	0.05	0.075	0.1	0.25	0.5	0.75
1	1.6	1.2	1.1	0.7	0.6	0.4	0.4	0.3	0.2	0.2	0.1	0.1	0.1	#	#	#
2	2.2	1.7	1.4	1.1	0.8	0.6	0.5	0.4	0.3	0.2	0.2	0.1	0.1	<0.1	#	#
5	3.5	2.7	2.2	1.6	1.2	1.0	0.8	0.7	0.5	0.4	0.3	0.2	0.2	0.1	<0.1	#
10	4.9	3.8	3.1	2.2	1.7	1.4	1.2	1.0	0.7	0.5	0.4	0.3	0.2	0.1	0.1	<0.1
30	8.1	6.2	5.3	3.7	2.9	2.4	2.0	1.7	1.2	0.9	0.7	0.6	0.4	0.2	0.1	0.1
50	11	8.1	6.8	4.8	3.7	3.1	2.5	2.1	1.5	1.1	0.9	0.7	0.6	0.3	0.2	0.1
100	15	11	9.3	6.8	5.2	4.2	3.5	3.0	2.1	1.6	1.3	1.0	0.9	0.5	0.3	0.2
150	19	14	12	8.1	6.1	5.2	4.3	3.6	2.5	1.9	1.6	1.2	1.1	0.6	0.4	0.2
250	24	18	15	11	8.1	6.8	5.4	4.6	3.3	2.4	2.0	1.6	1.4	0.7	0.5	0.3
300	>25	>25	21	15	11	9.3	7.4	6.2	4.5	3.4	2.8	2.2	1.9	1.1	0.7	0.5
750	*	*	>25	18	14	11	9.3	8.1	5.5	4.1	3.3	2.6	2.2	1.3	0.8	0.6
1 000	*	*	*	21	16	13	11	9.3	6.2	4.6	3.8	3.0	2.5	1.5	0.9	0.7
1 500	*	*	*	>25	19	16	12	11	7.4	5.6	4.6	3.7	3.0	1.7	1.1	0.8
2 000	*	*	*	*	22	18	15	12	8.7	6.2	5.2	4.1	3.5	2.0	1.3	0.9
2 500	*	*	*	*	24	20	16	14	9.9	6.8	5.8	4.7	3.8	2.2	1.4	1.1
3 000	*	*	*	*	>25	22	18	16	11	7.4	6.2	5.0	4.2	2.4	1.6	1.2
4 000	*	*	*	*	>25	25	20	17	12	8.7	6.8	5.6	4.8	2.7	1.7	1.3
5 000	*	*	*	*	*	>25	23	20	14	9.9	8.1	6.2	5.3	3.0	1.9	1.4
7 500	*	*	*	*	*	*	>25	24	16	12	9.9	7.4	6.2	3.6	2.3	1.7
10 000	*	*	*	*	*	*	*	>25	19	14	11	8.7	7.4	4.1	2.6	2.0
15 000	*	*	*	*	*	*	*	*	22	16	13	11	8.7	4.9	3.1	2.3
20 000	*	*	*	*	*	*	*	*	>25	19	15	12	9.9	5.5	3.5	2.7
50 000	*	*	*	*	*	*	*	*	*	>25	23	17	15	8.1	5.1	3.8
75 000	*	*	*	*	*	*	*	*	*	*	>25	21	17	9.6	6.0	4.5
100 000	*	*	*	*	*	*	*	*	*	*	*	24	20	11	6.8	5.1
150 000	*	*	*	*	*	*	*	*	*	*	*	>25	23	13	8.1	6.1
200 000	*	*	*	*	*	*	*	*	*	*	*	*	>25	14	8.9	6.7

注：* >25 mile 的时候按 25 mile 计算；# <0.1 mile 的时候按 0.1 mile 计算。

参考表 7 重质气体毒性终点距离

（10 min 泄漏、城市地区，F 稳定度，风速 1.5 m/s）

泄漏速率/（lb/min）	最终有毒物质浓度值/（mg/L）															
	0.000 4	0.000 7	0.001	0.002	0.003 5	0.005	0.007 5	0.01	0.02	0.035	0.05	0.075	0.1	0.25	0.5	0.75
	距离/mile															
1	1.6	1.2	1.1	0.7	0.6	0.4	0.4	0.3	0.2	0.2	0.1	0.1	0.1	#	#	#
2	2.2	1.7	1.4	1.1	0.8	0.6	0.5	0.4	0.3	0.2	0.2	0.1	0.1	<0.1	#	#
5	3.5	2.7	2.2	1.6	1.2	1.0	0.8	0.7	0.5	0.4	0.3	0.2	0.2	0.1	<0.1	#
10	4.9	3.8	3.1	2.2	1.7	1.4	1.2	1.0	0.7	0.5	0.4	0.3	0.2	0.1	0.1	<0.1
30	8.1	6.2	5.3	3.7	2.9	2.4	2.0	1.7	1.2	0.9	0.7	0.6	0.4	0.2	0.1	0.1
50	11	8.1	6.8	4.8	3.7	3.1	2.5	2.1	1.5	1.1	0.9	0.7	0.6	0.3	0.2	0.1
100	15	11	9.3	6.8	5.2	4.2	3.5	3.0	2.1	1.6	1.3	1.0	0.9	0.5	0.3	0.2
150	19	14	12	8.1	6.1	5.2	4.3	3.6	2.5	1.9	1.6	1.2	1.1	0.6	0.4	0.2
250	24	18	15	11	8.1	6.8	5.4	4.6	3.3	2.4	2.0	1.6	1.4	0.7	0.5	0.3
500	>25	>25	21	15	11	9.3	7.4	6.2	4.5	3.4	2.8	2.2	1.9	1.1	0.7	0.5
750	*	*	>25	18	14	11	9.3	8.1	5.5	4.1	3.3	2.6	2.2	1.3	0.8	0.6
1 000	*	*	*	21	16	13	11	9.3	6.2	4.6	3.8	3.0	2.5	1.5	0.9	0.7
1 500	*	*	*	>25	19	16	12	11	7.4	5.6	4.6	3.7	3.0	1.7	1.1	0.8
2 000	*	*	*	*	22	18	15	12	8.7	6.2	5.2	4.1	3.5	2.0	1.3	0.9
2 500	*	*	*	*	24	20	16	14	9.9	6.8	5.8	4.7	3.8	2.2	1.4	1.1
3 000	*	*	*	*	>25	22	18	16	11	7.4	6.2	5.0	4.2	2.4	1.6	1.2
4 000	*	*	*	*	*	25	20	17	12	8.7	6.8	5.6	4.8	2.7	1.7	1.3
5 000	*	*	*	*	*	>25	23	20	14	9.9	8.1	6.2	5.3	3.0	1.9	1.4
7 500	*	*	*	*	*	*	>25	24	16	12	9.9	7.4	6.2	3.6	2.3	1.7
10 000	*	*	*	*	*	*	*	>25	19	14	11	8.7	7.4	4.1	2.6	2.0
15 000	*	*	*	*	*	*	*	*	22	16	13	11	8.7	4.9	3.1	2.3
20 000	*	*	*	*	*	*	*	*	>25	19	15	12	9.9	5.5	3.5	2.7
50 000	*	*	*	*	*	*	*	*	*	>25	23	17	15	8.1	5.1	3.8
75 000	*	*	*	*	*	*	*	*	*	*	>25	21	17	9.6	6.0	4.5
100 000	*	*	*	*	*	*	*	*	*	*	*	24	20	11	6.8	5.1
150 000	*	*	*	*	*	*	*	*	*	*	*	>25	23	13	8.1	6.1
200 000	*	*	*	*	*	*	*	*	*	*	*	*	>25	14	8.9	6.7

注：* ＞25 mile 的时候按 25 mile 计算；# ＜0.1 mile 的时候按 0.1 mile 计算。

参考表 8　重质气体毒性终点距离

（60 min 泄漏、城市地区，F 稳定度，风速 1.5 m/s）

泄漏速率/(lb/min)	最终有毒物质浓度值/（mg/L）															
	0.000 4	0.000 7	0.001	0.002	0.003 5	0.005	0.007 5	0.01	0.02	0.035	0.05	0.075	0.1	0.25	0.5	0.75
	距离/mile															
1	2.6	1.9	1.5	1.1	0.7	0.6	0.4	0.4	0.2	0.2	0.1	0.1	0.1	#	#	#
2	3.8	2.9	2.3	1.5	1.1	0.9	0.7	0.6	0.4	0.2	0.2	0.1	0.1	<0.1	#	#
5	6.2	4.7	3.9	2.6	1.9	1.5	1.2	0.9	0.6	0.4	0.3	0.2	0.2	0.1	<0.1	#
10	9.3	6.8	5.6	3.9	2.9	2.3	1.8	1.5	0.9	0.7	0.5	0.4	0.3	0.2	0.1	<0.1
30	16	12	9.9	7.4	5.3	4.3	3.4	2.9	1.9	1.3	1.0	0.7	0.6	0.3	0.2	0.1
50	22	16	14	9.3	6.8	5.7	4.5	3.8	2.6	1.8	1.4	1.1	0.9	0.4	0.2	0.2
100	>25	24	20	14	9.9	8.1	6.8	5.7	3.8	2.7	2.2	1.7	1.4	0.7	0.4	0.3
150	*	>25	24	17	12	11	8.1	6.8	4.8	3.5	2.8	2.2	1.8	0.9	0.5	0.3
250	*	*	>25	22	16	14	11	9.3	6.2	4.5	3.7	2.9	2.4	12	0.7	0.5
500	*	*	*	>25	24	19	16	13	9.3	6.8	5.4	4.2	3.5	1.9	1.1	0.7
750	*	*	*	*	>25	24	19	16	11	8.1	6.8	5.2	4.3	2.4	1.4	1.0
1 000	*	*	*	*	*	>25	22	19	13	9.3	7.4	6.0	5.0	2.8	1.6	1.2
1 500	*	*	*	*	*	*	>25	24	16	12	9.3	7.4	6.2	3.4	2.1	1.5
2 000	*	*	*	*	*	*	*	>25	19	13	11	8.7	7.4	4.0	2.5	1.8
2 500	*	*	*	*	*	*	*	*	20	15	12	9.3	8.1	4.5	2.8	2.1
3 000	*	*	*	*	*	*	*	*	22	16	13	11	8.7	4.9	3.0	2.2
4 000	*	*	*	*	*	*	*	*	>25	19	16	12	9.9	5.6	3.5	2.6
5 000	*	*	*	*	*	*	*	*	*	21	17	14	11	6.2	4.0	3.0
7 500	*	*	*	*	*	*	*	*	*	>25	20	16	14	7.4	4.8	3.6
10 000	*	*	*	*	*	*	*	*	*	*	24	19	16	8.7	5.5	4.2
15 000	*	*	*	*	*	*	*	*	*	*	>25	22	19	11	6.8	5.1
20 000	*	*	*	*	*	*	*	*	*	*	*	>25	21	12	7.4	5.8
50 000	*	*	*	*	*	*	*	*	*	*	*	*	>25	18	11	8.7
75 000	*	*	*	*	*	*	*	*	*	*	*	*	*	21	13	10
100 000	*	*	*	*	*	*	*	*	*	*	*	*	*	24	15	11
150 000	*	*	*	*	*	*	*	*	*	*	*	*	*	>25	18	14
200 000	*	*	*	*	*	*	*	*	*	*	*	*	*	*	20	15

注：* >25 mile 的时候按 25 mile 计算；# <0.1 mile 的时候按 0.1 mile 计算。

参考表9 液氨毒性终点距离

（F 稳定度，风速 1.5 m/s）

泄漏速率/ (lb/min)	毒性终点距离/mile		泄漏速率/ (lb/min)	毒性终点距离/mile	
	乡村	城市		乡村	城市
1	0.1	<0.1#	1 000	1.8	1.2
2	0.1	0.1	1 500	2.2	1.5
5	0.1	0.1	2 000	2.6	1.7
10	0.2	0.1	2 500	2.9	1.9
15	0.2	0.2	3 000	3.1	2.0
20	0.3	0.2	4 000	3.6	2.3
30	0.3	0.2	5 000	4.0	2.6
40	0.4	0.3	6 000	4.4	2.8
50	0.4	0.3	7 000	4.7	3.1
60	0.5	0.3	7 500	4.9	3.2
70	0.5	0.3	8 000	5.1	3.3
80	0.5	0.4	9 000	5.4	3.4
90	0.6	0.4	10 000	5.6	3.6
100	0.6	0.4	15 000	6.9	4.4
150	0.7	0.5	20 000	8.0	5.0
200	0.8	0.6	25 000	8.9	5.6
250	0.9	0.6	30 000	9.7	6.1
300	1.0	0.7	40 000	11	7.0
400	1.2	0.8	50 000	12	7.8
500	1.3	0.9	75 000	15	9.5
600	1.4	0.9	100 000	18	10
700	1.5	1.0	150 000	22	13
750	1.6	1.0	200 000	*	15
800	1.6	1.1	250 000	*	17
900	1.7	1.2	750 000	*	*

注：* >25 mile 的时候按 25 mile 计算；# <0.1 mile 的时候按 0.1 mile 计算。

参考表 10 液氨毒性终点距离

（F 稳定度，风速 1.5 m/s）

泄漏速率/ (lb/min)	毒性终点距离/mile		泄漏速率/ (lb/min)	毒性终点距离/mile	
	乡村	城市		乡村	城市
1	0.1		1 000	1.6	0.6
2	0.1	<0.1#	1 500	2.0	0.7
5	0.1		2 000	2.2	0.8
10	0.2	0.1	2 500	2.5	0.9
15	0.2	0.1	3 000	2.7	1.0
20	0.3	0.1	4 000	3.1	1.1
30	0.3	0.1	5 000	3.4	1.2
40	0.4	0.1	6 000	3.7	1.3
50	0.4	0.1	7 000	4.0	1.4
60	0.4	0.2	7 500	4.1	1.5
70	0.5	0.2	8 000	4.2	1.5
80	0.5	0.2	9 000	4.5	1.6
90	0.5	0.2	10 000	4.7	1.7
100	0.6	0.2	15 000	5.6	2.0
150	0.7	0.2	20 000	6.5	2.4
200	0.8	0.3	25 000	7.2	2.6
250	0.8	0.3	30 000	7.8	2.8
300	0.9	0.3	40 000	8.9	3.3
400	1.1	0.4	50 000	9.8	3.6
500	1.2	0.4	75 000	12	4.4
600	1.3	0.4	100 000	14	5.0
700	1.4	0.5	150 000	16	6.1
750	1.4	0.5	200 000	19	7.0
800	1.5	0.5	250 000	21	7.8
900	1.5	0.6	750 000	*	13

注：* >25 mile 的时候按 25 mile 计算；# <0.1 mile 的时候按 0.1 mile 计算。

参考表 11　氯气毒性终点距离

（F 稳定度，风速 1.5 m/s）

泄漏速率/（lb/min）	毒性终点距离/mile		泄漏速率/（lb/min）	毒性终点距离/mile	
	乡村	城市		乡村	城市
1	0.2	0.1	750	5.8	2.6
2	0.3	0.1	800	5.9	2.7
5	0.5	0.2	900	6.3	2.9
10	0.7	0.3	1 000	6.6	3.0
15	0.8	0.4	1 500	8.1	3.8
20	1.0	0.4	2 000	9.3	4.4
30	1.2	0.5	2 500	10	4.9
40	1.4	0.6	3 000	11	5.4
50	1.5	0.6	4 000	13	6.2
60	1.7	0.7	5 000	14	7.0
70	1.8	0.8	6 000	16	7.6
80	1.9	0.8	7 000	17	8.3
90	2.0	0.9	7 500	18	8.6
100	2.2	0.9	8 000	18	8.9
150	2.6	1.2	9 000	19	9.4
200	3.0	1.3	10 000	20	9.9
250	3.4	1.5	15 000	25	12
300	3.7	1.6	20 000	*	14
400	4.2	1.9	25 000	*	16
500	4.7	2.1	30 000	*	18
600	5.2	2.3	40 000	*	20
700	5.6	2.5	50 000	*	*

注：* ＞25 mile 的时候按 25 mile 计算。

参考表 12   无水二氧化硫毒性终点距离

（F 稳定度，风速 1.5 m/s）

泄漏速率/	毒性终点距离/mile		泄漏速率/	毒性终点距离/mile	
（lb/min）	乡村	城市	（lb/min）	乡村	城市
1	0.2	0.1	750	6.6	2.6
2	0.2	0.1	800	6.8	2.7
5	0.4	0.2	900	7.2	2.9
10	0.6	0.2	1 000	7.7	3.1
15	0.7	0.3	1 500	9.6	3.8
20	0.9	0.4	2 000	11	4.5
30	1.1	0.5	2 500	13	5.0
40	1.3	0.5	3 000	14	5.6
50	1.4	0.6	4 000	17	6.5
60	1.6	0.7	5 000	19	7.3
70	1.8	0.7	6 000	21	8.1
80	1.9	0.8	7 000	23	8.8
90	2.0	0.8	7 500	24	9.1
100	2.1	0.9	8 000	25	9.5
150	2.7	1.1	9 000	*	10
200	3.1	1.3	10 000	*	11
250	3.6	1.4	15 000	*	13
300	3.9	1.6	20 000	*	16
400	4.6	1.9	25 000	*	18
500	5.2	2.1	30 000	*	19
600	5.8	2.3	40 000	*	23
700	6.3	2.5	50 000	*	*

注：* >25 mile 的时候按 25 mile 计算。

参考表 13

500～2 000 000 lb 表中可燃物质的超 1.0 psi 压力蒸汽云爆炸的距离，基于 TNT-当量模型，
10%的泄漏量参与爆炸

云中的质量/lb		500	2 000	5 000	10 000	20 000	50 000	100 000	200 000	500 000	1 000 000	2 000 000
CAS 编号	物质名称					超 1.0 psi 压力距离/mile						
75-07-0	乙醛	0.05	0.08	0.1	0.1	0.2	0.2	0.3	0.4	0.5	0.7	0.8
74-86-2	乙炔	0.07	0.1	0.1	0.2	0.2	0.3	0.4	0.5	0.7	0.8	1.0
598-73-2	溴代三氟代乙烯	0.02	0.04	0.05	0.06	0.08	0.1	0.1	0.2	0.2	0.3	0.4
106-99-0	1,3-丁二烯	0.06	0.1	0.1	0.2	0.2	0.3	0.4	0.5	0.6	0.8	1.0
106-97-8	丁烷	0.06	0.1	0.1	0.2	0.2	0.3	0.4	0.5	0.6	0.8	1.0
25167-67-3	丁烯	0.06	0.1	0.1	0.2	0.2	0.3	0.4	0.5	0.6	0.8	1.0
590-18-1	2-顺丁烯	0.06	0.1	0.1	0.2	0.2	0.3	0.4	0.5	0.6	0.8	1.0
624-64-6	2-反丁烯	0.06	0.1	0.1	0.2	0.2	0.3	0.4	0.5	0.6	0.8	1.0
106-98-9	1-丁烯	0.06	0.1	0.1	0.2	0.2	0.3	0.4	0.5	0.6	0.8	1.0
107-01-7	2-丁烯	0.06	0.1	0.1	0.2	0.2	0.3	0.4	0.5	0.6	0.8	1.0
463-58-1	氧硫化碳	0.04	0.06	0.08	0.1	0.1	0.2	0.2	0.3	0.4	0.5	0.6
7791-21-1	一氧化二氯	0.02	0.03	0.04	0.05	0.06	0.08	0.1	0.1	0.2	0.2	0.3
590-21-6	1-氯丙烯	0.05	0.08	0.1	0.1	0.2	0.2	0.3	0.4	0.5	0.6	0.8
557-98-2	2-氯丙烯	0.05	0.08	0.1	0.1	0.2	0.2	0.3	0.4	0.5	0.6	0.8
460-19-5	氰	0.05	0.08	0.1	0.1	0.2	0.2	0.3	0.4	0.5	0.6	0.8
75-19-4	环丙烷	0.06	0.1	0.1	0.2	0.2	0.3	0.4	0.5	0.6	0.8	1.0
4109-96-0	二氯甲硅烷	0.04	0.06	0.08	0.1	0.1	0.2	0.2	0.3	0.4	0.5	0.6
75-37-6	二氟乙烷	0.04	0.06	0.09	0.1	0.1	0.2	0.2	0.3	0.4	0.5	0.6
124-40-3	二甲胺	0.06	0.09	0.1	0.2	0.2	0.3	0.3	0.4	0.6	0.7	0.9
463-82-1	二甲基丙烷	0.06	0.1	0.1	0.2	0.2	0.3	0.4	0.5	0.6	0.8	1.0
74-84-0	乙烷	0.06	0.1	0.1	0.2	0.2	0.3	0.4	0.5	0.6	0.8	1.0
107-00-6	乙基乙炔	0.06	0.1	0.1	0.2	0.2	0.3	0.4	0.5	0.6	0.8	1.0
75-04-7	乙胺	0.06	0.09	0.1	0.2	0.2	0.3	0.4	0.6	0.7	0.9	0.9
75-00-3	氯乙烷	0.05	0.08	0.1	0.1	0.2	0.2	0.3	0.4	0.5	0.6	0.8
74-85-1	乙烯	0.06	0.1	0.1	0.2	0.2	0.3	0.4	0.5	0.6	0.8	1.0
60-29-7	乙醚	0.06	0.09	0.1	0.2	0.2	0.3	0.3	0.4	0.6	0.7	0.9
75-08-1	乙硫醇	0.05	0.09	0.1	0.2	0.2	0.2	0.3	0.4	0.5	0.7	0.9
109-95-5	亚硝酸乙酯	0.05	0.07	0.1	0.1	0.2	0.2	0.3	0.3	0.5	0.6	0.7
1333-74-0	氢	0.09	0.1	0.2	0.2	0.3	0.4	0.5	0.6	0.9	1.1	1.4
75-28-5	异丁烷	0.06	0.1	0.1	0.2	0.2	0.3	0.4	0.5	0.6	0.8	1.0
78-78-4	异戊烷	0.06	0.1	0.1	0.2	0.2	0.3	0.4	0.5	0.6	0.8	1.0
78-79-5	异戊二烯	0.06	0.1	0.1	0.2	0.2	0.3	0.4	0.5	0.6	0.8	1.0

云中的质量/lb		500	2 000	5 000	10 000	20 000	50 000	100 000	200 000	500 000	1 000 000	2 000 000
CAS 编号	物质名称	超 1.0 psi 压力距离/mile										
75-31-0	异丙胺	0.06	0.09	0.1	0.2	0.2	0.3	0.3	0.4	0.6	0.7	0.9
75-29-6	异丙基氯	0.05	0.08	0.1	0.1	0.2	0.2	0.3	0.4	0.5	0.6	0.8
74-82-8	甲烷	0.07	0.1	0.1	0.2	0.2	0.3	0.4	0.5	0.7	0.8	1.0
74-89-5	甲胺	0.06	0.09	0.1	0.2	0.2	0.3	0.3	0.4	0.6	0.7	0.9
563-45-1	3-甲基-1-丁烯	0.06	0.1	0.1	0.2	0.2	0.3	0.4	0.5	0.6	0.8	1.0
563-46-2	2-甲基-1-丁烯	0.06	0.1	0.1	0.2	0.2	0.3	0.4	0.5	0.6	0.8	1.0
115-10-6	甲醚	0.05	0.09	0.1	0.1	0.2	0.3	0.3	0.4	0.5	0.7	0.9
107-31-3	甲酸甲酯	0.04	0.07	0.1	0.1	0.2	0.2	0.3	0.3	0.4	0.6	0.7
115-11-7	甲基丙烯	0.06	0.1	0.1	0.2	0.2	0.3	0.4	0.5	0.6	0.8	1.0
504-60-9	1,3-戊二烯	0.06	0.1	0.1	0.2	0.2	0.3	0.4	0.5	0.6	0.8	1.0
109-66-0	戊烷	0.06	0.1	0.1	0.2	0.2	0.3	0.4	0.5	0.6	0.8	1.0
109-67-1	1-戊烯	0.06	0.1	0.1	0.2	0.2	0.3	0.4	0.5	0.6	0.8	1.0
646-04-8	2-戊烯（E）	0.06	0.1	0.1	0.2	0.2	0.3	0.4	0.5	0.6	0.8	1.0
627-20-3	2-戊烯（Z）	0.06	0.1	0.1	0.2	0.2	0.3	0.4	0.5	0.6	0.8	1.0
463-49-0	丙二烯	0.06	0.1	0.1	0.2	0.2	0.3	0.4	0.5	0.6	0.8	1.0
74-98-6	丙烷	0.06	0.1	0.1	0.2	0.2	0.3	0.4	0.5	0.6	0.8	1.0
115-07-1	丙烯	0.06	0.1	0.1	0.2	0.2	0.3	0.4	0.5	0.6	0.8	1.0
74-99-7	丙炔	0.06	0.1	0.1	0.2	0.2	0.3	0.4	0.5	0.6	0.8	1.0
7803-62-5	硅烷	0.06	0.1	0.1	0.2	0.2	0.3	0.4	0.5	0.6	0.8	1.0
116-14-3	四氟乙烯	0.02	0.03	0.04	0.05	0.07	0.09	0.1	0.1	0.2	0.2	0.3
75-76-3	四甲基硅烷	0.06	0.1	0.1	0.2	0.2	0.3	0.4	0.5	0.6	0.8	1.0
10025-78-2	三氯氢硅	0.03	0.04	0.06	0.08	0.1	0.1	0.2	0.2	0.3	0.4	0.4
79-38-9	三氟氯乙烯	0.02	0.03	0.05	0.06	0.07	0.1	0.1	0.2	0.2	0.3	0.3
75-50-3	三甲胺	0.06	0.1	0.1	0.2	0.2	0.3	0.4	0.5	0.6	0.8	1.0
689-97-4	乙烯基乙炔	0.06	0.1	0.1	0.2	0.2	0.3	0.4	0.5	0.6	0.8	1.0
75-01-4	氯乙烯	0.05	0.08	0.1	0.1	0.2	0.2	0.3	0.4	0.5	0.6	0.8
109-92-2	乙烯基乙基醚	0.06	0.09	0.1	0.2	0.2	0.3	0.3	0.4	0.6	0.7	0.9
75-02-5	氟乙烯	0.02	0.04	0.05	0.06	0.08	0.1	0.1	0.2	0.2	0.3	0.4
75-35-4	偏氯乙烯	0.04	0.06	0.08	0.1	0.1	0.2	0.2	0.3	0.4	0.5	0.6
75-38-7	偏氟乙烯	0.04	0.06	0.08	0.1	0.1	0.2	0.2	0.3	0.4	0.5	0.6
107-25-5	乙烯基甲基醚	0.06	0.09	0.1	0.2	0.2	0.3	0.3	0.4	0.6	0.7	0.9

6

确定最有可能发生的泄漏情景

对于第二类或第三类固有风险水平装置，表中的每一种超过临界量的有毒物质，都应分析至少一种最有可能发生的泄漏情景。同时，对于可燃物质，不需要对每一种物质单独进行分析，应选择其中一种具有代表性的物质来分析最有可能发生的泄漏情景。例如，工厂涉及 5 种超过临界量的危险物质，包括氯、氨、氯化氢、丙烷和乙炔，需要对氯、氨、氯化氢单独分析其最有可能出现的一种泄漏情景，而丙烷和乙炔可仅分析其中的一种。危险物质无论在生产或储存的哪一环节出现，仅需要分析其一种最有可能出现的泄漏情景。

根据法规（40 CFR 68.28），最可能出现的泄漏情景比最严重事故情景发生的概率更高，且应在界区外存在一个安全界限。泄漏情景应包含但不限于以下情况：

- 软管破裂或连接断开造成的运输管线泄漏；
- 法兰、连接点、焊接点、阀门等失效造成的工艺管线泄漏；
- 破裂或密封失效造成的工艺容器或泵的泄漏；
- 超压或装料过满的工艺容器从安全阀或爆破片向外泄漏；
- 违反操作规程导致的船运集装箱泄漏。

对于有毒物质最有可能出现的泄漏情景，应关注泄漏浓度超过人体健康阈值的泄漏情景。对于易燃物质，则应关注其可能引发的实质性损害，包括造成现场损害的泄漏情景。需要特别关注可能对公众产生影响的泄漏情景。选择合适的泄漏情景时，可以考虑一些不太常见的情景（如开车、停车时）。

在确定最有可能发生的泄漏情景时，可以考虑一些主动防护系统，如联锁装置、停车系统、压力泄放装置、火炬、紧急隔离系统、消防水或雨淋系统。这些主动防护系统在 3.1.2 和 3.2.3 中有所描述。

对于化工行业中的氨冷冻、化学品分配、丙烷分配、货仓中使用的管控型物质的泄漏情景选择，应参考美国 EPA 制定的《风险管理程序通用指南》。

有毒物质或可燃物质泄漏情景的选择可用以下方式：

- 在最严重事故情景下考虑主动防护系统的作用，限制泄漏量和泄漏持续时间；
- 从工艺危害性分析结果中选择一个可信场景；
- 分析历年事故，选择曾经发生的泄漏情景；
- 如果未进行工艺危害性分析，可通过梳理操作流程识别可能发生的事故或故障。

无论选择哪种方式，关键是要确定泄漏量及泄漏持续时间，以上信息可用于估算泄漏速率，且本质上与确定最严重事故情景的方式是相同的。

与有毒物质相比，可燃物质的泄漏情景确定更为复杂，因为可燃物质的泄漏后果是不确定的。在可燃物质的最严重事故情景中，蒸汽云爆炸是最值得关注的。对于其他情景（如火灾），辐射热等其他影响仍需考虑。

可燃物质泄漏可能发生的事故情景包括：

- 可燃物质泄漏形成的蒸汽遇点火源后形成蒸汽云（闪火）。此类型的火灾事故易发生回火并对蒸汽云范围内的人造成辐射热伤害。本指南将提供估算达到燃烧下限浓度范围的方法（见 9.1、9.2、10.1）。
- 可燃液体泄漏形成池火，引起热辐射效应。本指南将提供一种简单的估算方法，用于估算因热辐射引发二度烧伤的池火影响范围（暴露时间 40 s）（见 10.2）。
- 装有可燃物质的密闭容器暴露于火源中而突然发生破裂，引发液体急剧沸腾产生大量过热造成的蒸汽爆炸现象（被称为 BLEVE）。这类爆炸可形成很大的火球，在这种情形下，热辐射是最主要的伤害。爆炸容器的碎片在压力的作用下可能飞离并击中相关人员，受其高温和辐射热的影响，也会造成事故的发生。一般情况下，蒸汽爆炸不作为泄漏情景，如分析后认为其可能发生，本指南将提供一种估算方法，用于估算由于热辐射效应引发的二度烧伤的冲击波范围。同时，也需要估算容器碎片造成的影响（附件 A 中提供了此类影响估算的可参考的信息）。
- 在蒸汽云爆炸事故中，可燃物质快速大量释放及火焰的扰动加速（由扰动的泄漏场景或泄漏至拥塞区域）是必要条件。蒸汽云爆炸一般被认为是不可能发生的事故。然而，如果具备发生爆炸的各类条件，需要将其作为可能出现的泄漏情景进行分析。本指南将提供一种蒸汽云爆炸范围的估算方法，与最严重事故情景相比，这种方法基于不那么保守的假设（见 10.4）。蒸汽云的爆燃与爆轰相比，火焰传播速度更慢，造成的冲击波效应更小。本指南未提供估算其爆燃效应范围的方法，如果需要考虑此类情景，可以使用其他的分析方法。（附件 A 中列举了参考文献）。
- 储存压缩的液化气体的容器或管线破裂时可能发生喷射火现象。泄漏出口处的气体一旦被点燃，将形成喷射火。如果撞击装有可燃物质的储罐，喷射火将引发蒸汽云爆炸或火球。横向水平角度的喷射火可能造成界区外较大的事故伤害。本指南未包括估算喷射火影响范围的方法，如果需要考虑此类情景，可以使用其他分析方法（附件 A 中列举了参考文献）。

如果可能发生的情景分析中涉及符合美国国家消防协会标准的混合可燃物质，需要考虑混合物中的所有可燃成分，而不仅是表中可燃物质（见 5.2）。若混合物同时含有可燃成分和不可燃成分，仅需对可燃物质进行分析。

第 7 章提供了关于计算不同泄漏情景下有毒物质泄漏速率的详细信息。如果可以通过已知信息来估算有毒气体或液体的泄漏速率，可直接查阅第 8 章。第 8 章介绍了估算不同泄漏情景下有毒物质扩散范围的方法，第 9 章介绍了计算可燃物质泄漏速率的方法，第 10 章介绍了估算可燃物质泄漏扩散距离的方法。

7

不同情景下有毒物质泄漏
速率的估算

可以使用项目当地有代表性的气象条件、环境温度及湿度进行不同情景下的泄漏速率估算分析。本指南假设的气象条件为 D 类稳定度、风速 3 m/s（10.8 km/h），此气象条件适用于大部分厂址。

7.1 有毒气体的泄漏速率

7.1.1 有毒气体的完全泄漏（无削减措施）

7.1.1.1 气体泄漏

（1）储罐气体泄漏

气体泄漏通常不考虑容器内的全部气体泄漏的情景，一般选用更可能发生的场景（如气体从容器或管道上的孔洞泄漏）。

孔洞尺寸可以进行估算，如基于目标物质储罐相连的阀门或管道破裂，如果储罐发生气体泄漏，基于孔洞尺寸、储罐压力、气体理化性质后可以使用下列简化的公式来估算泄漏速率。此公式适用于泄漏气体形成阻塞流动或最大速率流动的情况，一般带压气体泄漏按阻塞流动考虑（公式推导见附件 D 的 D.6）。

$$QR = HA \times P_t \times \frac{1}{\sqrt{T_t}} \times GF \tag{7-1}$$

式中：QR——泄漏速率，lb/min；

HA——泄漏面积（in^2，面积大小通过安全分析或经验预估）；

P_t——储罐压力［英磅（lb）/绝对平方英寸（psia）］（对于液化气，25℃下的平衡蒸汽压见附录 B 中的表 B-1）；

T_t——储罐温度，K；

GF——气体系数，结合流量系数、比热容、比分子量和转换因子（常见有毒气体见附录 B 中的表 B-1）。

孔洞面积通过其尺寸和形状进行计算。对于圆形洞，用计算圆面积的公式进行计算。

式（7-1）可估算出初始泄漏速率。然而，计算结果对于整体泄漏速率来说偏大，因为公式未考虑随着储罐压力降低泄漏速率也会降低的情况。

如果想得到更加接近实际情况的结果，可通过计算机模型或其他计算模式进行估算。

如上所述，式（7-1）可以应用于压力液化气仅出现气体泄漏时的情况（如孔洞位于储罐上部、液面上方）。

例 7　储罐有毒气体泄漏（以乙硼烷为例）

某储罐含有乙硼烷气体，气压为 30 psia，储罐及内里温度为 298 K（25℃）。储罐一侧的某个阀门脱落，因此储罐壁上出现了 1 个直径为 2.5 in 的圆洞。圆洞近似为圆形，因此面积计算为约 5 ft^2。查表 B-1，乙硼烷的气体系数为 17，因此，按式（7-1）计算泄漏速率为：

$$QR=5×30×1/(298)^{1/2}×17=148（lb/min）$$

（2）管道气体泄漏

如果存在管道切断的情况，可以用管道内气体的流动速率作为泄漏速率，按照第 8 章所描述的方法计算距离。

如果有毒气体通过管道中的一个孔洞中泄漏，可以参照上述从储罐孔洞泄漏的情况进行计算。这种计算方法忽略了管壁的摩擦效果，因此计算出的泄漏速率保守。

（3）烟团模式泄漏

如果储罐或管道上孔洞处的气体泄漏很快得到控制（如通过隔断阀），导致外环境出现有毒气体形成的烟团特性蒸汽云，因为烟团蒸汽云的扩散行为与羽流模式不同，应考虑用其他计算方法来计算后果距离。

7.1.1.2　液化气泄漏

（1）加压液化气

由于受到不同因素的影响，加压液化气可能以气相、液相或混合（两相）的形式泄漏，影响因素包括液位、孔洞与液面的相对位置，由此计算出的影响距离差别很大。

　　如泄漏发生在加压液化气储罐内液位上方的孔洞处，泄漏物质主要为气体，也可能涉及部分液化气的快速汽化和雾化（两相泄漏）。判断具体泄漏类型（即气体、两相）较复杂，往往很可能是气液混合态的两相泄漏，本指南对该问题未做详细阐述。根据经验判断，如果罐体头部空间较大，并且孔洞和液位之间的距离较储罐或容器的高度来说较大，可以将泄漏近似为气相泄漏，因此，可以使用式（7-1）［附录 B 表 B-1 中列出了各类有毒液化气在 25℃时的平衡蒸汽压，单位为 psia，此压力可应用于式（7-1）］。然而，在罐体头部空间很小、液化气泄漏为两相泄漏的情况下，用式（7-1）计算并不准确。在不确定泄漏是气相还是两相的情况下，应考虑用其他模型或方法进行结果分析。

　　如泄漏发生在罐体中液体部分的孔洞，可使用式（7-2）计算泄漏速率。附录 B 表 B-1 中列出了各类有毒液化气在 25℃时的平衡蒸汽压，单位为 psia，此压力即为 25℃下将该气体液化所需的压力。可以用平衡蒸汽压减去环境大气的压力（14.7 psi）来计算罐内表压力。表 B-1 也给出了有毒气体在其沸点下的密度系数。这个系数可以用来估计液化气体的密度（表中多数的气体在 25℃下的密度与沸点下的密度基本一致）。计算泄漏速率的方程如下（更多信息见附录 D.7.1）：

$$QR = HA \times 6.82 \times \sqrt{\frac{11.7}{DF^2} \times LH + \frac{669}{DF} \times P_g} \quad\quad (7\text{-}2)$$

式中：QR——泄漏速率，lb/min；

　　　　HA——泄漏面积，in^2（面积大小通过安全分析或经验预估）；

　　　　DF——密度系数［见附录 B 表 B-1；1/（DF × 0.033）是磅每立方英尺密度］；

　　　　LH——孔洞以上的液柱高度，in（高度通过安全分析或经验预估）；

　　　　P_g——罐的表压［lb/in^2（psig），此压力来源于气体的饱和蒸汽压（见附录 B 表 B-1）减去大气绝对压力（14.7 psi）］。

　　式（7-2）可计算出通过孔洞泄漏的液体泄漏速率。假定加压液化气泄漏的液体立即变为蒸汽（或蒸汽/气溶胶混合物），则气体泄漏速率和液体泄漏速率是相同的。式（7-2）的计算结果为初始泄漏速率，由于未考虑泄漏速率会随着罐中的压力和罐内液体的高度下降而降低，故结果偏保守。如果想得到更加接近实际情况的结果，可通过计算机模型或其他计算模式进行估算。

　　从管道破裂处泄漏的加压液化气，可用式（7-4）～式（7-6）进行计算。可假设泄漏的液体迅速变为蒸汽，计算出的泄漏速率即为泄漏至空气中的泄漏速率。

　　（2）低温液化气

　　低温液化气可以视为液体，并采用 7.2 中所描述的方法来计算泄漏速率。

7.1.1.3　泄漏持续时间

　　泄漏持续时间用来选取恰当的参考表格，详见第 8 章（特定化学品的距离表中的数据与泄漏时间无关）。最大泄漏持续时间可通过储罐容量或管道泄漏量除以泄漏速率计算得出。通常可以使用 60 min 作为最大泄漏时间的默认值。如果能够确认实际泄漏时间，则使用实际泄漏时间作为持续时间。

7.1.2 削减控制措施下的有毒气体泄漏

对于气体来说，被动削减控制措施包括封闭的空间（见 3.1.2）；主动削减控制措施包括多种与设计相关的措施如自动切断阀、紧急排放系统，以及水/化学物质喷淋。这些控制削减措施可以降低泄漏速率或泄漏持续时间。

主动控制措施

（1）减少泄漏持续时间的主动削减控制措施

自动切断阀是减少泄漏持续时间的主动削减控制措施之一。在明确泄漏速率以及证实从泄漏发生到关闭阀门的时间后，可以计算泄漏量（泄漏速率与时间的乘积）。如果泄漏持续时间超过 10 min，可以按照第 8 章所述内容用泄漏时间计算终点距离。如果持续时间小于 10 min，泄漏量可以通过将初始泄漏速率乘以持续时间计算得出，将此泄漏量除以 10 min 来计算有主动削减控制措施下的泄漏速率，此结果可以与第 8 章描述的参照表进行比照用以确定后果距离。如果泄漏一发生后就迅速停止，则按烟团模式泄漏考虑，应使用其他方法进行计算。

（2）降低泄漏速率的主动削减控制措施

降低泄漏速率的主动削减控制措施包括洗涤和燃烧等方法。可使用监测数据、制造商设计规范以及以往的经验，来确定采取削减控制措施后的泄漏速率。

未采取削减控制措施的初始泄漏速率可通过本章前面列出的公式计算，或采取最不利情况下的泄漏速率。有削减控制措施的泄漏速率可采用式（7-3）计算：

$$QR_R = (1 - FR) \times DF \tag{7-3}$$

式中：QR_R——采取削减控制措施后泄漏速率，lb/min；

FR——削减控制措施因子；

DF——未采取削减控制措施的泄漏速率，lb/min。

例 8　喷淋削减控制措施（以氟化氢为例）

氟化氢（HF）储罐的放空阀打开后，氟化氢以 660 lb/min 的速率泄漏，立即启用喷淋措施。实验室测试数据表明，通过喷淋可使泄漏速率降低 90%。采用措施后的泄漏速率为：

$$QR_R = （1 - 0.9）\times 660（lb/min）= 66（lb/min）$$

计算后果距离时，需要同时计算采取喷淋措施前后的泄漏情况，以最远的距离为最终结果，需要确认从泄漏开始到开启喷淋所需的时间。

（3）被动削减控制措施

在最不利情况下的泄漏计算方法可用于封闭空间向外部环境的泄漏场景，可用合理的并经过校正的泄漏量代入公式计算，也可考虑通风对削减控制措施因子的影响。可使用3.1.2 中的相关公式来计算向外部环境的泄漏速率。

（4）泄漏持续时间

可通过以往经验，或验证停止泄漏所需时间，或用泄漏量除以泄漏速率来确定泄漏持续时间（查阅物质参照表确定后果距离时不用考虑持续时间的影响）。

7.2　有毒液体的泄漏速率

本节介绍了储罐和管道中液体泄漏速率的计算方法。假设泄漏液体形成液池，并且在最不利情况下计算液池的蒸发速率。在不同场景中，可选用项目所在区域的平均风速，而不是取最不利情况下 1.5 m/s（3.4 mile/h）的风速来计算蒸发速率，本指南相关的参照表中所列的风速为 3 m/s（6.7 mile/h）。

若可通过收集的资料计算出不同情况下泄漏至围堰区域外的液体泄漏量，可参照 7.2.3 中的方法计算蒸发速率和泄漏持续时间，并使用计算结果参照第 8 章的相关内容来计算毒性终点距离。

7.2.1　无削减措施的液体泄漏速率和泄漏量

储罐泄漏

（1）常压储罐

常压储罐内液位下方孔洞的液体（包括低温液化气）泄漏速率可通过式（7-4）进行计算（公式推导见附录 D.7.1）：

$$QR_L = HA \times \sqrt{LH} \times LLF \tag{7-4}$$

式中，QR_L——液体泄漏流量，lb/min；

　　　　HA——泄漏面积，in^2（面积大小通过安全分析或经验预估）；

　　　　LH——孔洞以上的液柱高度，in（高度通过安全分析或经验预估）；

　　　　LLF——与排放系数和液体密度相关的液体泄漏因子（各有毒液体的 LLF 值见附录 B 中表 B-2）。

式（7-4）仅适用于常压储罐的液体泄漏。由于未考虑泄漏速率随着储罐内液位降低引起的变化，故用此公式计算出的泄漏速率偏大。如果想得到更加接近实际情况的结果，可通过计算机模型或其他计算模式进行估算。

通过上述公式计算出的液体泄漏速率乘以终止泄漏所需的时间（min），即得到泄漏量。泄漏持续时间可根据资料或假设储罐内液位下降至孔洞处时泄漏即停止来确定，位于孔洞以上的液体量可以通过储罐尺寸、泄漏开始时的液位高度及孔洞处的液位高度计算得出。假设计算出的泄漏量形成液池，即可使用 7.2.3 中的相关公式计算液池中液体的蒸发速率以及持续时间。7.2.3 指出，如果计算得到的蒸发流量大于液体泄漏流量，则应使用液体泄漏流量作为其泄漏到空气中的流量。

例 9 常压罐内液体泄漏（以丙烯醇为例）

某常温常压储罐内存有 20 000 lb 丙烯醇。储罐一侧的阀门脱落导致罐壁上形成了一个 5 ft² 的孔洞。孔洞以上的液位高度是 23 ft。查阅表 B-2，得到丙烯醇的 LLF 值是 41，则根据式（7-4），液体泄漏流量为

$$QR_L = 5 \times (23)^{1/2} \times 41 = 983 （lb/min）$$

终止泄漏所需时间为 10 min，所以丙烯醇泄漏量为 10 min × 983（lb/min）= 9 830（lb）。

（2）压力罐

压力罐内位于液体部分的孔洞处的液体泄漏速率可根据上述计算压力液化气的公式 [7.1.1 中的式（7-2）]，或附录 D.7.1 中的相关公式进行计算。

（3）管道泄漏

若常压管道入口处和破损处的高度相同，则液体泄漏量可通过流速及终止泄漏所需时间相乘得到。常压下的液体可假设其泄漏形成液池并根据 7.2.3 中相关的方法计算其泄漏至空气中的速率。

压力管线内液体泄漏可根据式（7-5）进行计算（更多信息见附录 D.7.2），这些公式同时适用于常温常压下的液体和压力液化气的计算，但该公式未考虑管道内摩擦力的影响。首先通过管道内物质的初始操作流量计算初始操作流速：

$$V_a = \frac{FR \times DF \times 0.033}{A_p} \tag{7-5}$$

式中：V_a——初始操作流速，ft/min；

　　　FR——初始操作流量，lb/min；

　　　DF——密度因子（查阅附录 B 中表 B-2）；

　　　A_p——管道横截面积，ft²，管道横截面积可以通过将管道直径代入圆面积计算公式获得。

泄漏流速可通过初始操作流速、由于管道高度变化导致的重力加速或减速影响，以及

管道内与外界压力差值，使用伯努利方程进行计算：

$$V_b = 197 \times \sqrt{\left[28.4 \times (P_T - 14.7) \times DF\right] + \left[5.97 \times (Z_a - Z_b)\right] + \left[2.58 \times 10^{-5} \times V_a^2\right]} \quad (7\text{-}6)$$

式中：V_b——泄漏流速，ft/min；

$\quad\quad P_T$——管道内液体总压力，psia；

$\quad\quad DF$——密度因子（查阅附录 B 中表 B-2）；

$\quad\quad Z_a$——管道入口处高度，ft；

$\quad\quad Z_b$——管道破损处高度，ft；

$\quad\quad V_a$——初始操作流速，ft/min，由式（7-5）计算得出。

如果泄漏处管道高度高于管道入口处高度，$Z_a - Z_b$ 应为负值，因此计算出的泄漏流速将会减小。

计算得出的泄漏流速代入式（7-7）可计算泄漏流量：

$$QR_L = \frac{V_b \times A_p}{DF \times 0.033} \quad (7\text{-}7)$$

式中，QR_L——泄漏流量，lb/min；

$\quad\quad V_b$——泄漏流速，ft/min；

$\quad\quad DF$——密度因子（查阅附录 B 中表 B-2）；

$\quad\quad A_p$——管道横截面积，ft^2。

通过将破损管道内液体泄漏流量（QR_L）与终止泄漏（或管道流空）所需时间（min）相乘可计算得出泄漏量，其中泄漏时间需经过验证。若泄漏的液体形成液池，可采用 7.2.3 中的相关公式来计算液体的蒸发流量。

如 7.1.1 中所述，计算管道内加压液化气的泄漏时，可假设泄漏的液化气瞬间汽化，从而使用计算得出的泄漏流量作为其泄漏至空气中的流量。如果泄漏持续时间非常短（由于有主动控制措施），则总泄漏量可通过泄漏流量乘以持续时间得到。再将泄漏量除以 10 min 得到一个新的泄漏流量，这个数值可以与本指南中的 10 min 持续时间参照表进行对照，从而得到终点距离。

长输管道计算管道破损或出现孔洞的泄漏时，由于管道内壁粗糙及摩擦压头损失，实际的泄漏流量会比用上述方法计算的结果小。如果不能忽略摩擦力的影响，应使用诸如 Darcy 方程等已被验证的方法来计算摩擦压头损失。

7.2.2　液体泄漏流量及有削减控制措施时的泄漏量

计算不同情况下的泄漏时，应考虑有被动削减控制措施、主动削减控制措施或二者同时存在的情况。本节主要阐述了主动削减控制措施对液体泄漏流量的影响。主动削减控制措施和被动削减控制措施降低液池内液体蒸发流量的情况将在下一节中进行讨论。

通过主动削减控制措施减少泄漏量

降低泄漏量的削减控制措施包括自动切断阀和紧急排空，若采用以上削减控制措施，可使用 7.2.1 中的公式来计算液体泄漏流量，根据采用的削减控制措施确定泄漏持续时间。假设泄漏的液体形成液池，则采用 7.2.3 中的相关公式来计算液体的蒸发速率，同时应考虑液池的蒸发作用（主动削减或被动削减）。

例 10　采用削减控制措施情况下的液体泄漏

溴注入系统出现软管故障，经过 30 s 的泄漏后，大幅降低的系统压力触发了自动切断阀。软管破裂处的流量约为 330 lb/min。因为泄漏发生的时间只有 30 s（0.5 min），则溢出的总量是 330×0.5，即 165 lb。

7.2.3　液池的蒸发速率

根据上述方法计算出液体泄漏流量后，若泄漏的液体形成液池，则按以下方法计算蒸发速率，计算时应同时考虑主动削减控制措施和被动削减控制措施。3.2.3 中描述的被动削减控制措施包括围堰和防火堤。能够降低液池中液体蒸发速率的主动削减控制措施包括泡沫或防水布遮盖、水或化学物质喷淋等，采取主动削减控制措施或被动削减控制措施的计算方法如下。

若计算得出的蒸发速率大于容器内液体泄漏速率，则说明泄漏的液体不会形成液池，即不能按以下方法计算。该情况下应将容器液体泄漏作为其泄漏到空气中的泄漏速率，尤其是对于易挥发液体、低温液化气或高温液体的泄漏计算时，更要考虑到这种情况。

7.2.3.1　无削减控制措施

（1）环境温度

对于未采取削减控制措施的液池，如果液池中的液体总是处于环境温度下，可参照附录 B 表 B-2 中的液体环境因子（LFA）和密度因子（DF）（系数推导见附录 D.2.2）。若环境温度处于 25～50℃，可以用以下方法来计算泄漏速率，并用附录 B 表 B-4 中的相应的温度修正因子来修正。对于低温液化气，可使用表 B-1 中液体沸腾因子（LFB）和密度因子（DF）。计算公式如下：

$$QR = QS \times 2.4 \times LFA \times DF \tag{7-8}$$

式中：QR——泄漏速率，lb/min；

QS——泄漏量，lb；

2.4——风速因子为 $3.0^{0.78}$（本指南中假设风速为 3 m/s）；

　　LFA——液体环境因子；

　　DF——密度因子。

该公式假设液体泄漏并扩散形成一个深度为 1 cm 的液池，并且没有考虑扩散形成液池的过程中液体的蒸发损失。

例 11　罐体孔洞泄漏液体形成液池的蒸发速率（以丙烯醇为例）

在例 9 中，计算出自丙烯醇储罐的孔洞处泄漏丙烯醇共 9 830 lb。根据表 B-2，丙烯醇的密度因子是 0.58，液体环境因子是 0.004 6。假设泄漏的液体并未流入围堰区域或者建筑物内，则根据式（7-8），丙烯醇液池的蒸发速率为

$$QR = 9\ 830 \times 2.4 \times 0.004\ 6 \times 0.58 = 63 \text{（lb/min）}$$

（2）高温

对于未采取削减控制措施的液池，如果液池中的液体处于高温环境下（高于 50℃ 或处于其沸点温度），可参照附录 B 表 B-2 中的液体沸腾因子（LFB）和密度因子（DF）（系数推导见附录 D.2.2）。如果环境温度处于 25~50℃，可以用上述液体处于常温的方法来计算泄漏速率，并用附录 B 表 B-4 中的相应的温度修正因子来修正泄漏速率。对于高于 50℃ 或处于其沸点温度，或在表 B-4 中查不到相应温度修正因子的液体，可使用式（7-9）计算泄漏速率：

$$QR = QS \times 2.4 \times LFB \times DF \tag{7-9}$$

式中：QR——泄漏速率，lb/min；

　　　QS——泄漏量，lb；

　　　2.4——风速因子=$3.0^{0.78}$（本指南中假设风速为 3 m/s）；

　　　LFB——液体沸腾因子；

　　　DF——密度因子。

该公式假设液体泄漏并扩散形成一个深度为 1 cm 的液池，并且没有考虑扩散形成液池的过程中液体的蒸发损失。

7.2.3.2　采取削减控制措施

（1）围堰区域

如果有毒液体泄漏至围堰内，则需比较围堰内面积与液体扩散形成的液池面积，计算方法详见 3.2.3［式（3-6）］，以验证泄漏液体全部位于围堰区域内，并采取二者中较小的

面积来计算蒸发速率。如果液池可能形成的最大面积小于围堰内面积，则蒸发速率按照以上所述的无削减控制措施时的液池蒸发计算方法进行；如果围堰内面积小于液池面积，并且泄漏液体全部位于围堰内，则根据液体的温度查阅附录 B 表 B-2 获得液体常温因子（LFA，常温状态液体）、液体沸腾因子（LFB，高温状态液体及低温液化气），以及查阅表 B-4 获得相应的温度修正因子（液体温度为 25～50℃）来修正泄漏速率。围堰内常温液体泄漏速率计算公式为：

$$QR = 2.4 \times LFA \times A \tag{7-10}$$

高温液体或低温液化气的泄漏速率计算公式为：

$$QR = 2.4 \times LFB \times A \tag{7-11}$$

式中：QR——泄漏速率，lb/min；

2.4——风速因子=$3.0^{0.78}$（本指南中假设风速为 3 m/s）；

LFA——液体常温因子；

LFB——液体沸腾因子；

A——围堰区域面积。

（2）泄漏液体流入建筑物

如果有毒液体泄漏流入建筑物，则需比较建筑物地面面积和泄漏形成液池的最大面积，应将二者中较小的面积作为最不利情况用于蒸发速率的计算。液池可能形成的最大面积可用 3.2.3 中的式（3-6）计算；建筑物地面面积是地面的长乘以宽 [ft^2，见式（3-9）]。

如果建筑物地面面积小于液池最大面积，则将地面面积代入式（7-10）中的液池面积来计算室外蒸发速率；如果液池最大面积小于建筑物地面面积，则将液池最大面积代入式（7-8）来计算室外蒸发速率。

将计算得出的室外蒸发速率的 5%作为建筑室内有毒蒸汽的释放量（室外蒸发速率乘以 0.05）。更多关于泄漏进入建筑物的情况详见附录 D.2.4。

（3）采取主动削减控制措施来降低蒸发速率

降低液池蒸发速率的主动削减控制措施包括水喷淋、泡沫或防水布覆盖等。根据实验监测数据、制造商设计规范以及以往的经验，来确定削减控制措施对于液池蒸发速率的削减系数，并将此结果代入式（7-12）：

$$QR_{RV} = (1 - FR) \times QR \tag{7-12}$$

式中：QR_{RV}——采取削减控制措施后液池蒸发速率，lb/min；

FR——削减控制措施的削减系数；

QR——无削减控制措施时的液池蒸发速率，lb/min。

7.2.3.3 25～50℃的液体

如果液体温度为 25～50℃（77～122℉），可查阅表 B-4 获得相应的温度修正因子修正泄漏速率。根据上述因子计算 25℃下液体无控制措施泄漏或围堰内液池蒸发（QR），再将结果乘以相应的温度修正因子，详见 3.2.5 相关内容。

7.2.3.4 蒸发速率和液体泄漏速率的对比

根据 7.2.1 和 7.2.2 的说明，基于容器、管道孔洞处的液体泄漏速率来计算液体的液池泄漏量时，应将蒸发速率与液体泄漏速率相比较，如果蒸发速率大于液体泄漏速率，则将液体泄漏速率作为其向外环境的释放速率。

7.2.3.5 泄漏持续时间

按上述内容计算泄漏速率后，可确定液池蒸发持续时间（即液池内液体完全蒸发所需的时间）。将总泄漏量（lb）除以泄漏速率（lb/min）[详见 3.2.2 中式（3-5）]，即得到持续时间（min）。按照 7.2.3.4 中的描述，如果将液体泄漏速率作为其向外环境的泄漏速率，则计算结果是液体泄漏持续时间（见 7.2.1 及 7.2.2），即泄漏终止所需时间或储罐排空、罐内液位到达泄漏孔洞位置处所需时间。如果泄漏速率经过修正（25℃以上液体），则应将修正后的泄漏速率代入来计算持续时间。

7.2.4 常见水溶液和油品

对于有毒物质的水溶液及油品泄漏后形成液池的泄漏量计算，可采取 7.2.1、7.2.2 和 7.2.3 中关于纯液体的计算方法。不同浓度的氨、甲醛、盐酸、氢氟酸、硝酸的水溶液和各类油品的 LFA、DF、LLF 见附录 B 中表 B-3。常温下的溶液液池的泄漏计算可代入风速为 3 m/s 的 LFA。

对于无削减控制措施的泄漏或有被动削减控制措施的泄漏，可按照 7.2.3 中的相关描述进行计算。如果采取主动削减控制措施，则可按照 7.2.2 中关于主动削减控制措施的相关描述来确定削减后的泄漏速率，溶液总质量作为泄漏量（QS）代入公式中计算泄漏至外环境的速率。

如果溶液处于高温状态，可以将含某液体的溶液泄漏理解为纯液体泄漏（详见 3.3）。另外，如果有溶液泄漏温度下的蒸气压数据，可以参照附录 D.2.1 和附录 D.2.2 中的相关公式来计算泄漏速率。

如果液池中溶液量的计算是基于 7.2.1 和 7.2.2 中容器或管道孔洞液体泄漏速率的计算结果得出的，则应将液体泄漏速率与蒸发速率进行对比。如果液池蒸发速率大于液体泄漏速率，则应将液体泄漏速率作为其向外环境的泄漏速率。

最有可能情景下有毒物质的毒性终点距离

为了预测有毒物质在最有可能情景下的毒性终点距离，本指南提供了轻气体和蒸汽的4个通用参考表，以及重质气体的4个参考表，同时可参考第10章的距离通用参考表（表14~表21）。每个表的适用条件见通用表4中描述。另外，还提供了氨气、氯气和二氧化硫的4个化学物性表详见第10章。这些表的适用条件见通用表5。

所有可信情景的距离参考表基于假设稳定模型D和风速为3.0 m/s（6.7 mile/h）。每个国家的不同地区不同时间可能存在多种风速和大气稳定度组合。若D稳定度和风速3.0 m/s不是情景对应的合理条件，则需要使用其他方法来估算距离。

为简单起见，本指南假定地面泄漏。如果选择的情景涉及地面以上的泄漏，则本指南计算的终点距离偏大，特别是对于轻气体和蒸汽。如果假设高空泄漏，可能需要考虑其他方法来确定终点距离。

通用参考表适用于除氨、氯、二氧化硫以外的所有其他有毒物质。使用通用参考表时气体的泄漏速率、液池的蒸发速率和泄漏的持续时间需要明确。对于最有可能情景，有毒气体泄漏的持续时间有可能超过最不利情况下设定的10 min。同时，需要确定泄漏物质是轻气体还是重质气体，确定合理的毒性终点浓度，明确泄漏条件，并使用附录B中的数据。若表中没有对应的数据，可采用内插法计算获得。

通用表 4   最有可能情景的距离参考

应用条件			参考表序号
气体或蒸气密度	地表	泄漏时间/min	
轻气体	乡村	10	14
		60	15
	城镇	10	16
		60	17
重质气体	乡村	10	18
		60	19
	城镇	10	20
		60	21

通用表 5   最有可能情景的具体化学物质参考

内容	泄漏条件			参考表序号
	气体或蒸气密度	泄漏时间/min	地表	
带压下液化的无水氨	重质气体	10～60	乡村、城镇	22
非液态氨，通过制冷液化的氨或氨水	轻气体	10～60	乡村、城镇	23
氯气	重质气体	10～60	乡村、城镇	24
二氧化硫	重质气体	10～60	乡村、城镇	25

注意以下关于氨、氯和二氧化硫专用参考表的使用：

● 无水氨（参考表 22）仅适用于带压下氨气液化的闪蒸泄漏。参考表 23 适用于氨气气体的泄漏（如从池体蒸发或罐体挥发）；

● 表中数据适用于任何泄漏持续时间；

使用距离参考表请遵循以下步骤：

除氨气、氯气和二氧化硫以外的有毒气体：

● 在附录 B 中找到有毒物质的毒性终点（表 B-1 为有毒气体，表 B-2 为有毒液体）。

● 确定物质（轻气体、重质气体或蒸汽）是否适用于附录 B（表 B-1 为有毒气体，表 B-2 为有毒液体，有可替代列）。若为密度比空气小的液化气体，由于泄漏时可能携带液滴或处于较低环境温度，有毒气体在泄漏时需作为重质气体。选用参考表请充分考虑泄漏气体的状态。

● 选择乡村或城市地区：

—— 泄漏点位于空旷场地且基本没有障碍物的条件下选择乡村模式。

—— 泄漏点位于城市或者有障碍物的条件下选择城镇模式。

- 选择泄漏时间 10 min 表或 60 min 表：
  —— 常见水溶液或发烟硫酸液池，选择 10 min 表。
  —— 若预估的气体泄漏或液池蒸发时间小于等于 10 min，选择 10 min 表。
  —— 若预估的气体泄漏或液池蒸发时间大于等于 10 min，选择 60 min 表。

中质气体或蒸汽

- 若附录表 B-1 或附录表 B-2 表明气体或蒸汽应被视为中性轻气体，且其他因素未表征气体或蒸汽变为重质气体，则可使用泄漏速率（lb/min）除以毒性终点浓度（mg/L）。
- 表的第一列（参考表 14、表 15、表 16、表 17）找到泄漏速率/毒性终点浓度的范围，包括计算的速率/毒性终点浓度，然后可以在右列找到对应距离。

重质气体或蒸汽

若附录表 B-1 或通用表 B-2 表明预测气体或蒸汽应被视为重质气体或蒸汽（比空气重），则参照相应表（参考表 18、表 19、表 20 或表 21）。

—— 从表中找到最接近该物质的毒性终点浓度，若此物质的终点浓度与介于两个值中间，则选择较小值（左栏），否则选择向左或向右的最接近值。

—— 从表的左部找到最接近该物质泄漏速率的泄漏值，如果泄漏速率计算值介于两个值中间，请选择更大值，否则选择向上或向下的最接近值。

—— 自泄漏速率部分向下查询，找到与毒性终点浓度相对应的距离和物质泄漏速率。

氨气、氯气和二氧化硫

- 选择对应物质对应的化学物质表（见通用表 5 中参考表 22～表 25）。
  —— 如果是通过制冷的液氨，即使泄漏持续时间大于 10 min 也可使用参考表 23。
  —— 如果是通过制冷的氯气或二氧化硫，即使泄漏持续时间 10 min 也可使用化学物质参考表。
- 选择乡村或城市地区
  —— 泄漏点位于空旷场地且基本没有障碍物的条件下选择乡村地区。
  —— 泄漏点位于城市或者有障碍物的条件下选择城市地区。
- 预估距离结果如下：
  —— 在表的左栏找到最接近计算结果的泄漏速率。
  —— 在右列读出相应的距离（城市或乡村）。

附录 D 中 D.4.1 和 D.4.2 描述了通用参考表的编制原则，风险管理项目指导文件和 D.4.3 中的引用文档中描述了特定化学物质引用表的编制原则。

若认为采用本指南计算方法得到的预测结果超过最大可能情况的潜在影响，可考虑选择其他计算方法或模型。

例 12 和例 13 分别使用 ALOHA 和 WHAZAN 模型建模，并比较了两种方法的计算结果，可查阅附录 D 中 D.4.5 进一步了解该模型计算过程。

例 12　氯气泄漏

假设计算得一个罐体的氯气泄漏速率为 500 lb/min，经查阅特定化学物质的氯气表，不需要考虑附录 B 中氯气的因素。泄漏点位置选择城镇模式。在平均气象条件下氯气泄漏从参考表 24（稳态 D 模型，风速为 3 m/s）中查得约为 500 lb/min 的泄漏速率，对应结果为 0.4 mile 的距离（城镇模型）。

其他建模比较：相同的假设条件，ALOHA 模型计算毒性终点距离为 3.0 mile；WHAZAN 模型计算的毒性终点距离为 3.2 mile。

例 13　烯丙醇蒸发池

例 11 中，液池中烯丙醇的蒸发速率为 63 lb/min。液池中的总泄漏量约为 9 830 lb；因此，蒸发持续时间为 9 830/63，即 156 min。查阅 60 min 参考表估算毒性终点距离。根据附录 B 中表 B-2，烯丙醇的毒性终点浓度为 0.036 mg/L，最可能情景下使用的预测模型为浮力烟羽模。可采用泄漏速率及终点浓度进行计算，然后查表得到毒性终点距离。根据以上数据，距离应为 63/0.036，即 1 750 mile。假设泄漏点坐标选择乡村模式，参考表 15 中的烟羽模式，60 min 和乡村模式，可得到估算距离约为 0.4 mile。

其他模型比较：使用相同的假设和重质气体模型，ALOHA 模型计算毒性终点距离为 0.7 mile。使用相同的假设和烟羽扩散模型，WHAZAN 模型计算毒性终点距离为 0.5 mile。

9

易燃物质在最可能情景下的
泄漏速率

9.1 可燃气体

储罐/容器或管道气体泄漏

最可能情景中可燃气体可能从一个容器或管道泄漏。从通过泄漏孔径大小和存储条件，使用 7.1.1 描述的方法估算易燃气体的泄漏速率，泄漏速率可以用来确定燃烧下限（LFL）扩散距离（见 10.1）。附录 C 中表 C-2 包括气体因子（GF），可用于计算表中可燃气体。

例 14　罐体孔洞可燃气体泄漏速率（以乙烯为例）

管道与乙烯储罐相连，并位于罐体的蒸发空间内。假设管道漏孔的面积为 5 in^2，可使用 7.1 的式（7-1）计算得出泄漏速率。罐内温度（T，绝对温度，开尔文）为 282 K（9℃），温度的平方根是 16.8。罐体压力（P）大约是 728（lb/in^2）绝对压力（psia）。从附录 C 表 C-2 可知乙烯气体因子（GF）为 18。根据式（7-1）可知，泄漏速率（QR）为

$$QR = 5 \times 728 \times (1/16.8) \times 18 = 3\,900\ (lb/min)$$

（1）带压液化气体

带压液化气体泄漏易导致形成蒸汽云火。对于带压液化罐孔洞泄漏，可使用 7.1.1 所

述方法估算泄漏速率，泄漏速率用于蒸汽云火确定燃烧下限 LFL 的扩散距离。

液化易燃气体在带压条件下可能会迅速释放，会伴有部分蒸发的液化气体并形成气溶胶。10.4 提出了一种带压液化气体泄漏引起蒸汽云爆炸的估算方法。

（2）深冷液化气体

可信场景下深冷液化气体分析可以视作液相泄漏，下面 9.2 及 10.2 描述了此类场景。

9.2 可燃液体

液池中可燃液体的蒸发速率可用于确定可燃液体的泄漏速率，也可用于确定仅通过制冷液化可燃气体的泄漏速率，若液化气体泄漏存在形成液池的可能性，则需要先预估液池中的物料量。

可以使用 7.2.1 中的方法来估算罐体或管道的可燃液体泄漏。附录 C 表 C-3 中的液体泄漏因子（LLF）可用于计算孔洞泄漏速率，该系数仅适用于常压罐，不适用于液化可燃气体，计算液化可燃气体的液池物料量还需要其他信息。

当确定液池中的可燃液体量时，可以使用 7.2.3 中提出的方法估算液池中液体的蒸发速率。附录 C 中表 C-3 列出了液体在常温和沸点下的因子（LFA 和 LFB），表 C-2 列出了液体因子（LFB），7.2.2 及 7.2.3 中提到的被动控制措施和主动控制措施也需要考虑。因为这两个因子并不用于估算 LFL 的距离，泄漏持续时间在此处不需要估算。

对于有毒液体，如果液体在液池中的蒸发速率大于液体从容器泄漏的速率，泄漏到外环境的泄漏速率应取液体的泄漏速率，而不是液池的蒸发速率。由于易燃液体基本都是易挥发液体，可燃气体在液池中的蒸发速率也会处于较高水平。

10

可燃物质其他情景下的毒性终点距离估算

10.1 蒸汽云火灾

燃烧下限距离表示蒸汽云火灾辐射热可能产生严重后果的最大距离。附录 C 中的表 C-2 和表 C-3 分别给出了部分可燃气体和可燃液体燃烧下限距离的数据（以体积百分数或 mg/L 计）。本指南给出了其他情景假设下燃烧下限距离估算的参考表（D 类稳定度，风速 3 m/s，地表泄漏）。泄漏速率是确定可燃物终点距离的主要因素。因为本指南所使用的方法是基于假设蒸汽云泄漏处于稳定状态且蒸汽云火灾为瞬间事件，故泄漏时间不是估算蒸汽云火灾距离的关键因素。因此，可燃物质的参考表并不以泄漏时间来区分（如 10 min、60 min）。附录 D 中表 D-4 进一步讨论了这些表的扩展。可燃物质参考表在第 10 章最后的参考表 26～表 29 中列出。

利用参考表找到燃烧下限距离的步骤：

（1）在附录 C 中找到物质的燃烧下限距离终点（可燃气体表 C-2、可燃液体表 C-3）。

（2）根据附录 C 确定轻气体、重质气体或蒸汽模式（可燃气体表 C-2、可燃液体表 C-3）。若为密度比空气小的液化气体，由于泄漏时可能携带液滴或处于较低的环境温度，可表现为重质气体。选用参考表需充分考虑泄漏气体的状态。

（3）确定选择乡村或城市地区：

—— 如果处于有很少障碍物的开放区域，采用农村模式；

—— 如果处于城市或有很多障碍物的区域，采用城市模式。

通用表 6   可燃物质蒸汽云火灾距离参考

适用条件			参考表序号
气体或蒸气密度	地表	泄漏时间/min	
轻质气体	乡村	10～60	26
轻质气体	城市	10～60	27
重质气体	乡村	10～60	28
重质气体	城市	10～60	29

（1）轻气体或蒸汽

如果表 C-2 或表 C-3 表明气体或蒸汽应考虑为轻气体，并且其他因素不会导致气体或蒸汽表现为重质气体，用估算的泄漏速率（lb/min）除以燃烧下限终点（mg/L）。

在表的第一列（参考表 26 或表 27）找到泄漏速率除以燃烧下限终点数值所对应的范围，然后找到右边对应的距离。

（2）重质气体或蒸汽

如果表 C-2、表 C-3 或考虑到其他相关因素，表明此物质需考虑为重质气体或蒸汽（重于空气），需根据下面的步骤找到合适的表（参考表 28 或表 29）：

——根据表头找到此物质燃烧下限所在的范围。如果此物质燃烧下限介于表中两个数值中间，选择较小的（左侧），否则选择左侧或右侧更接近的。

——根据表左列找到此物质泄漏速率所在的范围。如果计算出的泄漏速率介于表中两个数值中间，选择较大的（下方），否则选择上方或下方更接近的。

——根据泄漏速率和燃烧下限找到相应距离。

例 15   可燃气体泄漏（以乙烯为例）

例 14 中，估算了乙烯罐小孔的泄漏速率为 3 900 lb/min，想进一步估算此泄漏产生的蒸汽云火灾燃烧下限的距离。

根据表 C-2，乙烯的燃烧下限是 31 mg/L，合适的距离估算表是中性浮力可燃物质气体表。所在地点位于农村区域，使用参考表 26。

使用轻气体表，需要计算泄漏速率/终点距离。在此例子中，泄漏速率/燃烧下限终点= 3 900/31=126。参考表 26 中，126 落在对应 0.2 mile 的范围内。

例 16   可燃液体液池蒸汽云火灾

装有 20 000 lb 乙醚的储罐，一个可能的泄漏情景是储罐管道剪裂，泄漏的液体形成液池。想要估算此液池蒸发和蒸汽点燃引发的蒸汽云火灾的后果。

首先需要估算液体从储罐的泄漏速率。采用 7.2.1 中的式（7-4）。此计算中需要管道剪裂导致的孔的面积，孔上方罐中液体的高度，乙醚的液体泄漏因子。根据表 C-3，管道直径是 2 in，则孔的横截面积为 3.1 in^2。当储罐装满时，管道比液位低 2 in 或 24 ft。孔上方液体高度的平方根则为 4.9，乙醚的液体泄漏因子为 34。根据式（7-4），此孔的液体泄漏速率：

$$QRL = 3.1 × 4.9 × 34 = 520（lb/min）$$

估算此泄漏可以在 10 min 内停止。10 min 内 5 200 lb 液体将被泄漏。

液体将泄漏到无围堰或防火堤的区域内，采用 7.2.3 中式（7-8）估算泄漏液体形成液池的蒸发速率。根据表 C-3，乙醚的液体环境因子和密度因子分别为 0.11 和 0.69，则泄漏到空气中的速率：

$$QR = 5 200 × 2.4 × 0.11 × 0.69 = 950（lb/min）$$

从以上计算可知，液池的蒸发速率大于估算的液体泄漏速率。因此，采用液体泄漏速率 520 lb/min 作为泄漏到空气中的速率。为估算人们在蒸汽云中可能受到严重伤害的最大距离，需根据合适的表估算乙醚的燃烧下限距离。根据表 C-3，乙醚的燃烧下限为 57 mg/L，合适的参考表为重质气体表。所在位置位于很少障碍物的农村区域，因此采用参考表 28。

根据参考表 28，最接近的燃烧下限是 60 mg/L。表中最低泄漏速率是 1 500 lb/min，高于乙醚液池的估算蒸发速率。对于泄漏速率低于 1 500 lb/min 的，燃烧下限距离小于 0.1 mile。

10.2 池火

池火可被视为可燃液体或冷却液化气体的另一种潜在情景。然而，由于其他情景可能会给出更大的终点距离，因此，用更大终点距离的情景作为最有可能情景更为合适。每种表中的可燃液体和大部分可燃气体均给出了池火因子以帮助结果分析。这些因子的推导在附录 D.9 中。可燃气体和可燃液体的池火因子分别在表 C-2 和表 C-3 中列出，可用来估算人们可能因 40 s 暴露而受到二级烧伤到池火中心的距离。此分析的热辐射终点是 5 kW/m^2。环境温度假设为 25℃（77℉）来计算可燃液体的池火因子。

采用池火因子估算距离，首先要估算可燃物质泄漏而形成液池的面积（ft^2）。可以采用上文中有毒液体的方法估算液池面积。在无围堰/防火堤区域液池面积估算中的密度因子可以在表 C-2（可燃气体）和表 C-3（可燃液体）中找到。对于可燃气体，密度因子应采用沸点对应的密度，还需要考虑泄漏的物质是否可能因蒸发速率过大而不能形成大尺寸的液池，尤其是针对液化气体。

可以根据池火因子和液池面积计算距离：

$$d = \text{PFF} \times \sqrt{A}$$
（10-1）

式中：d——距离，ft；

PFF——池火因子（附录表 C-2 或表 C-3）；

A——液池面积，ft^2。

例 17   可燃液体池火

估算储有 20 000 lb 乙醚的储罐形成池火的后果。假设其中 15 000 lb 泄漏到无围堰/防火堤的区域形成液池，液体分散至 1 cm（0.38 in）深，采用 3.2.3 中的式（3-6）估算液池的面积。此计算中，需要表 C-3 中乙醚的密度因子 0.69，根据式（3-6），液池面积：

$$A = 15\,000 \times 0.69 = 10\,400 \ (\text{ft}^2)$$

可以采用式（10-1）估算液池中心到热辐射达到 5 kW/m^2 的距离。此计算中，需要液池面积的平方根和乙醚的池火因子。A 的平方根为 102 ft。根据表 C-3，乙醚的池火因子是 4.3。根据式（10-1），到达 5 kW/m^2 的距离：

$$d = 4.3 \times 102 = 440 \ \text{ft}（约 0.08 \ \text{mile}）$$

对于承压或承压及制冷条件下的液化气体，池火可能不是一个合适的最有可能情景。由于突然的泄压而泄漏到空气中的可燃气体引起的火灾或爆炸很可能比池火影响的距离更远，后果更严重。（例如，参见 10.3 和 10.4 中沸腾液体膨胀蒸汽爆炸和蒸汽云爆炸的分析方法，或参见附录 A 中更为详细的火灾和爆炸结果分析信息）

10.3   沸腾液体膨胀蒸汽爆炸

若可能的泄漏情景是沸腾液体膨胀蒸汽爆炸引发火球，可以采用参考表 30 估算潜在有害辐射热的距离。该表展示了不同质量下的距离与不同火灾持续时间下可能造成人员二级烧伤辐射热水平的关系。采用的质量应为储罐中可能参与沸腾液体膨胀蒸汽爆炸的全部质量。此距离表的推导公式在附录 D.10 中。可参考此公式估算沸腾液体膨胀蒸汽爆炸的距离，或采用不同的计算方法或模型计算。

10.4 蒸汽云爆炸

如果存在大量可燃蒸汽突然泄漏的可能，尤其是泄漏至有限空间，蒸汽云爆炸可能是一个较合理的最有可能泄漏情景。对于后果分析，可采用和最不利情景相同的方法估算后果距离和压力终点的关系（见 5.1 和附录 C 中的公式）。可假设部分可燃物质进入蒸汽云中，并根据上文中讨论的气体和液体的估算泄漏速率乘以泄漏持续时间估算总泄漏质量。

为估算高压（不深冷）状态下液化气体泄漏到蒸汽云中的质量，可采用下列公式。此公式包括一个"闪蒸部分因子"，表 C-2 列出了管制的可燃气体的闪蒸部分因子，来估算泄漏时立即闪蒸进蒸汽中的质量。因子"2"被用来估算喷雾和气溶胶中的质量。此公式的推导在附录 D.11 中。公式如下：

$$QF = FFF \times QS \times 2 \tag{10-2}$$

式中：QF——闪蒸进蒸汽和气溶胶的质量，lb，不能大于 QS；

　　　FFF——闪蒸部分因子，量纲一，表 C-2 中列出（小于 1）；

　　　QS——溢流质量，lb；

　　　2——考虑喷雾和气溶胶的因子。

为推导闪蒸部分因子，储存气体的温度假设为 25℃（77℉）（标出的除外）。可以采用附录 D.11 中的公式估算其他条件下的闪蒸部分因子。

可以采用参考表 13（最不利情景分析讨论的结尾）或表 C-1 中的公式，根据蒸汽云质量估算蒸汽云爆炸距离和压力的关系。对于最有可能情景分析，可以采用产生因子 3%，而不是最不利情景分析中的 10%。在附录 D.11 的讨论中，基于过去蒸汽云爆炸的数据，产生因子 3%代表更可能发生的事件。如果采用附录 C 中的公式，则用 0.03 代替 0.1 进行计算。如果采用参考表 13，可以采用更低的产生因子，即将参考表 13 中读出的距离乘以 0.67。

例 18　蒸汽云爆炸（以丙烷为例）

常温下，一个装有 50 000 lb 承压液化丙烷的储罐。要估算储罐破裂引起的蒸汽云爆炸的后果距离。

采用式（10-2）估算可能泄漏形成蒸汽云的质量。计算基于储罐中的全部质量（QS=50 000 lb）。根据表 C-2，丙烷的闪蒸部分因子是 0.38，根据式（10-2），闪蒸进蒸汽的质量，加上可能被气溶胶携带的质量，QF 为：

$$0.38 \times 50\ 000 \times 2 = 38\ 000 \text{（lb）}$$

假设 38 000 lb 可燃的丙烷在蒸汽云中，此质量位于参考表 13 中 20 000～50 000 lb，50 000 lb 最接近此质量。根据此表，距离与压力的关系为 0.3 mile（对应 50 000 lb 丙烷），取产生因子为 3%，将此距离乘以 0.67，距离为 0.2 mile。

参考表 14　轻气体羽流毒性终点距离

（10 min 泄漏，乡村地区，D 类稳定度，风速 3 m/s）

泄漏速率/毒性终点/ [（lb/min）/（mg/L）]	毒性终点距离/ mile	泄漏速率/毒性终点/ [（lb/min）/（mg/L）]	毒性终点距离/ mile
0～64	0.1	130 000～140 000	4.8
64～510	0.2	140 000～160 000	5.0
510～1 300	0.3	160 000～180 000	5.2
1 300～2 300	0.4	180 000～190 000	5.4
2 300～4 100	0.6	190 000～210 000	5.6
4 100～6 300	0.8	210 000～220 000	5.8
6 300～8 800	1.0	220 000～240 000	6.0
8 800～12 000	1.2	240 000～261 000	6.2
12 000～16 000	1.4	261 000～325 000	6.8
16 000～19 000	1.6	325 000～397 000	7.5
19 000～22 000	1.8	397 000～477 000	8.1
22 000～26 000	2.0	477 000～566 000	8.7
26 000～30 000	2.2	566 000～663 000	9.3
30 000～36 000	2.4	663 000～769 000	9.9
36 000～42 000	2.6	769 000～1 010 000	11
42 000～47 000	2.8	1 010 000～1 280 000	12
47 000～54 000	3.0	1 280 000～1 600 000	14
54 000～60 000	3.2	1 600 000～1 950 000	15
60 000～70 000	3.4	1 950 000～2 340 000	16
70 000～78 000	3.6	2 340 000～2 770 000	17
78 000～87 000	3.8	2 770 000～3 240 000	19
87 000～97 000	4.0	3 240 000～4 590 000	22
97 000～110 000	4.2	4 590 000～6 190 000	25
110 000～120 000	4.4	>6 190 000	>25 [①]
120 000～130 000	4.6		

---

① 评价距离 25 mile。

参考表 15　轻气体羽流毒性终点距离

（60 min 泄漏，乡村地区，D 类稳定度，风速 3 m/s）

泄漏速率/毒性终点/ [（lb/min）/（mg/L）]	毒性终点距离/ mile	泄漏速率/毒性终点/ [（lb/min）/（mg/L）]	毒性终点距离/ mile
0～79	0.1	100 000～108 000	4.8
79～630	0.2	108 000～113 000	5.0
630～1 600	0.3	113 000～120 000	5.2
1 600～2 800	0.4	120 000～126 000	5.4
2 800～5 200	0.6	126 000～132 000	5.6
5 200～7 900	0.8	132 000～140 000	5.8
7 900～11 000	1.0	140 000～150 000	6.0
11 000～14 000	1.2	150 000～151 000	6.2
14 000～19 000	1.4	151 000～171 000	6.8
19 000～23 000	1.6	171 000～191 000	7.5
23 000～27 000	1.8	191 000～212 000	8.1
27 000～32 000	2.0	212 000～233 000	8.7
32 000～36 000	2.2	233 000～256 000	9.3
36 000～42 000	2.4	256 000～280 000	9.9
42 000～47 000	2.6	280 000～332 000	11
47 000～52 000	2.8	332 000～390 000	12
52 000～57 000	3.0	390 000～456 000	14
57 000～61 000	3.2	456 000～529 000	15
61 000～68 000	3.4	529 000～610 000	16
68 000～73 000	3.6	610 000～699 000	17
73 000～79 000	3.8	699 000～796 000	19
79 000～84 000	4.0	796 000～1 080 000	22
84 000～91 000	4.2	1 080 000～1 410 000	25
91 000～97 000	4.4	>1 410 000	>25①
97 000～100 000	4.6		

---

① 评价距离 25 mile。

参考表 16   轻气体羽流毒性终点距离

（10 min 泄漏，城市地区，D 类稳定度，风速 3 m/s）

泄漏速率/毒性终点/ [（lb/min）/（mg/L）]	毒性终点距离/ mile	泄漏速率/毒性终点/ [（lb/min）/（mg/L）]	毒性终点距离/ mile
0～160	0.1	600 000～660 000	4.8
160～1 400	0.2	660 000～720 000	5.0
1 400～3 600	0.3	720 000～810 000	5.2
3 600～6 900	0.4	810 000～880 000	5.4
6 900～13 000	0.6	880 000～950 000	5.6
13 000～22 000	0.8	950 000～1 000 000	5.8
22 000～31 000	1.0	1 000 000～1 100 000	6.0
31 000～42 000	1.2	1 100 000～1 220 000	6.2
42 000～59 000	1.4	1 220 000～1 530 000	6.8
59 000～73 000	1.6	1 530 000～1 880 000	7.5
73 000～88 000	1.8	1 880 000～2 280 000	8.1
88 000～100 000	2.0	2 280 000～2 710 000	8.7
100 000～120 000	2.2	2 710 000～3 200 000	9.3
120 000～150 000	2.4	3 200 000～3 730 000	9.9
150 000～170 000	2.6	3 730 000～4 920 000	11
170 000～200 000	2.8	4 920 000～6 310 000	12
200 000～230 000	3.0	6 310 000～7 890 000	14
230 000～260 000	3.2	7 890 000～9 660 000	15
260 000～310 000	3.4	9 660 000～11 600 000	16
310 000～340 000	3.6	11 600 000～13 800 000	17
340 000～390 000	3.8	13 800 000～16 200 000	19
390 000～430 000	4.0	16 200 000～23 100 000	22
430 000～490 000	4.2	23 100 000～31 300 000	25
490 000～540 000	4.4	>31 300 000	>25 [①]
540 000～600 000	4.6		

---

① 评价距离 25 mile。

参考表 17　轻气体羽流毒性终点距离

（60 min 泄漏，城市地区，D 类稳定度，风速 3 m/s）

泄漏速率/毒性终点/ [（lb/min）/（mg/L）]	毒性终点距离/ mile	泄漏速率/毒性终点/ [（lb/min）/（mg/L）]	毒性终点距离/ mile
0～200	0.1	460 000～490 000	4.8
200～1 700	0.2	490 000～520 000	5.0
1 700～4 500	0.3	520 000～550 000	5.2
4 500～8 600	0.4	550 000～580 000	5.4
8 600～17 000	0.6	580 000～610 000	5.6
17 000～27 000	0.8	610 000～640 000	5.8
27 000～39 000	1.0	640 000～680 000	6.0
39 000～53 000	1.2	680 000～705 000	6.2
53 000～73 000	1.4	705 000～804 000	6.8
73 000～90 000	1.6	804 000～905 000	7.5
90 000～110 000	1.8	905 000～1 010 000	8.1
110 000～130 000	2.0	1 010 000～1 120 000	8.7
130 000～150 000	2.2	1 120 000～1 230 000	9.3
150 000～170 000	2.4	1 230 000～1 350 000	9.9
170 000～200 000	2.6	1 350 000～1 620 000	11
200 000～220 000	2.8	1 620 000～1 920 000	12
220 000～240 000	3.0	1 920 000～2 250 000	14
240 000～270 000	3.2	2 250 000～2 620 000	15
270 000～300 000	3.4	2 620 000～3 030 000	16
300 000～320 000	3.6	3 030 000～3 490 000	17
320 000～350 000	3.8	3 490 000～3 980 000	19
350 000～370 000	4.0	3 980 000～5 410 000	22
370 000～410 000	4.2	5 410 000～7 120 000	25
410 000～430 000	4.4	＞7 120 000	＞25[①]
430 000～460 000	4.6		

① 评价距离 25 mile。

参考表 18　重质气体毒性终点距离

（10 min 泄漏，乡村地区，D 类稳定度，风速 3 m/s）

泄漏速率/(lb/min)	有毒终点/（mg/L）															
	0.000 4	0.000 7	0.001	0.002	0.003 5	0.005	0.007 5	0.01	0.02	0.035	0.05	0.075	0.1	0.25	0.5	0.75
	距离/mile															
1	0.6	0.4	0.4	0.2	0.2	0.1	0.1	0.1	<0.1	<0.1	#	#	#	#	#	#
2	0.9	0.6	0.5	0.4	0.3	0.2	0.2	0.1	0.1	0.1	<0.1	<0.1	#	#	#	#
5	1.4	1.1	0.9	0.6	0.4	0.4	0.3	0.2	0.2	0.1	0.1	0.1	<0.1	#	#	#
10	2.0	1.5	1.2	0.9	0.6	0.5	0.4	0.4	0.2	0.2	0.1	0.1	0.1	<0.1	<0.1	#
30	3.7	2.7	2.2	1.5	1.1	0.9	0.7	0.7	0.5	0.3	0.3	0.2	0.2	0.1	0.1	<0.1
50	5.0	3.7	3.0	2.1	1.9	1.2	1.0	0.9	0.6	0.4	0.4	0.3	0.2	0.2	0.1	0.1
100	7.4	5.3	4.3	3.0	2.3	1.7	1.4	1.2	0.9	0.6	0.6	0.4	0.4	0.2	0.2	0.1
150	8.7	6.8	5.5	3.8	2.8	2.3	1.9	1.6	1.1	0.8	0.7	0.6	0.5	0.3	0.3	0.2
250	12	8.7	7.4	5.0	3.7	3.0	2.4	2.1	1.4	1.1	0.9	0.7	0.5	0.4	0.3	0.2
500	17	13	11	7.4	5.3	4.5	3.6	3.0	2.1	1.6	1.3	1.1	0.9	0.6	0.4	0.3
750	22	16	13	9.3	6.8	5.6	4.5	3.8	2.7	1.9	1.6	1.3	1.1	0.7	0.5	0.4
1 000	>25	19	16	11	8.1	6.8	5.2	4.5	3.1	2.3	2.2	1.5	1.3	0.8	0.6	0.4
1 500	*	23	19	13	9.9	8.1	6.8	5.6	3.9	2.9	2.4	1.9	1.6	1.0	0.7	0.6
2 000	*	>25	22	15	12	9.3	7.4	6.8	4.5	3.4	2.7	2.2	1.9	1.2	0.8	0.6
2 500	*	*	25	17	13	11	8.7	7.4	5.2	3.8	3.2	2.5	2.1	1.3	0.9	0.7
3 000	*	*	>25	19	14	12	9.3	8.1	5.7	4.2	3.5	2.8	2.4	1.4	1.0	0.8
4 000	*	*	*	22	17	14	11	9.3	6.8	4.9	4.1	3.3	2.8	1.7	1.1	0.9
5 000	*	*	*	>25	19	16	12	11	7.4	5.6	4.7	3.7	3.1	2.1	1.3	1.1
7 500	*	*	*	*	24	19	16	13	9.3	6.8	5.8	4.7	4.0	2.4	1.6	1.3
10 000	*	*	*	*	>25	22	18	16	11	8.1	6.8	5.3	4.6	2.8	1.9	1.5
15 000	*	*	*	*	*	>25	22	19	13	9.9	8.1	6.8	5.7	3.5	2.4	1.9
20 000	*	*	*	*	*	*	>25	22	16	11	9.3	7.4	6.8	4.0	2.8	2.2
50 000	*	*	*	*	*	*	*	>25	24	18	15	12	10	6.5	4.5	3.6
75 000	*	*	*	*	*	*	*	*	>25	22	18	15	13	7.8	5.4	4.4
100 000	*	*	*	*	*	*	*	*	*	>25	21	17	14	8.9	6.3	5.0
150 000	*	*	*	*	*	*	*	*	*	*	>25	20	17	11	7.4	6.0
200 000	*	*	*	*	*	*	*	*	*	*	*	23	19	12	8.5	6.8

注：* 为评价距离 25 mile。

参考表 19 重质气体毒性终点距离

（60 min 泄漏，乡村地区，D 类稳定度，风速 3 m/s）

泄漏速率/（lb/min）	有毒终点/（mg/L）															
	0.000 4	0.000 7	0.001	0.002	0.003 5	0.005	0.007 5	0.01	0.02	0.035	0.05	0.075	0.1	0.25	0.5	0.75
	距离/mile															
1	0.6	0.4	0.4	0.2	0.2	0.1	0.1	0.1	<0.1	<0.1	#	#	#	#	#	#
2	0.9	0.6	0.5	0.4	0.3	0.2	0.2	0.1	0.1	0.1	<0.1	<0.1	#	#	#	#
5	1.4	1.1	0.9	0.6	0.4	0.4	0.3	0.2	0.2	0.1	0.1	0.1	<0.1	#	#	#
10	2.0	1.5	1.2	0.9	0.6	0.5	0.4	0.4	0.2	0.2	0.1	0.1	0.1	<0.1	<0.1	#
30	3.7	2.7	2.2	1.5	1.1	0.9	0.7	0.7	0.5	0.3	0.3	0.2	0.2	0.1	0.1	<0.1
50	5.0	3.7	3.0	2.1	1.9	1.2	1.0	0.9	0.6	0.4	0.4	0.3	0.2	0.2	0.1	0.1
100	7.4	5.3	4.3	3.0	2.3	1.7	1.4	1.2	0.9	0.6	0.6	0.4	0.4	0.2	0.2	0.1
150	8.7	6.8	5.5	3.8	2.8	2.3	1.9	1.6	1.1	0.8	0.7	0.6	0.5	0.3	0.2	0.2
250	12	8.7	7.4	5.0	3.7	3.0	2.4	2.1	1.4	1.1	0.9	0.7	0.5	0.4	0.3	0.2
500	17	13	11	7.4	5.3	4.5	3.6	3.0	2.1	1.6	1.3	1.1	0.9	0.6	0.4	0.3
750	22	16	13	9.3	6.8	5.6	4.5	3.8	2.7	1.9	1.6	1.3	1.1	0.7	0.5	0.4
1 000	>25	19	16	11	8.1	6.8	5.2	4.5	3.1	2.3	2.2	1.5	1.3	0.8	0.6	0.4
1 500	*	23	19	13	9.9	8.1	6.8	5.6	3.9	2.9	2.4	1.9	1.6	1.0	0.7	0.6
2 000	*	>25	22	15	12	9.3	7.4	6.8	4.5	3.4	2.7	2.2	1.9	1.2	0.8	0.6
2 500	*	*	25	17	13	11	8.7	7.4	5.2	3.8	3.2	2.5	2.1	1.3	0.9	0.7
3 000	*	*	>25	19	14	12	9.3	8.1	5.7	4.2	3.5	2.8	2.4	1.4	1.0	0.8
4 000	*	*	*	22	17	14	11	9.3	6.8	4.9	4.1	3.3	2.8	1.7	1.1	0.9
5 000	*	*	*	>25	19	16	12	11	7.4	5.6	4.7	3.7	3.1	2.1	1.3	1.1
7 500	*	*	*	*	24	19	16	13	9.3	6.8	5.8	4.7	4.0	2.4	1.6	1.3
10 000	*	*	*	*	>25	22	18	16	11	8.1	6.8	5.3	4.6	2.8	1.9	1.5
15 000	*	*	*	*	*	>25	22	19	13	9.9	8.1	6.8	5.7	3.5	2.4	1.9
20 000	*	*	*	*	*	*	>25	22	16	11	9.3	7.4	6.8	4.0	2.8	2.2
50 000	*	*	*	*	*	*	*	>25	24	18	15	12	10	6.5	4.5	3.6
75 000	*	*	*	*	*	*	*	*	>25	22	18	15	13	7.8	5.4	4.4
100 000	*	*	*	*	*	*	*	*	>25	21	17	14	8.9	6.3	5.0
150 000	*	*	*	*	*	*	*	*	*	>25	20	17	11	7.4	6.0
200 000	*	*	*	*	*	*	*	*	*	*	23	19	12	8.5	6.8

注：* 为评价距离 25 mile。

参考表 20 重质气体毒性终点距离

（10 min 泄漏，城市地区，D 类稳定度，风速 3 m/s）

泄漏速率/(lb/min)	有毒终点/（mg/L）															
	0.000 4	0.000 7	0.001	0.002	0.003 5	0.005	0.007 5	0.01	0.02	0.035	0.05	0.075	0.1	0.25	0.5	0.75
	距离/mile															
1	0.5	0.3	0.2	0.2	0.1	0.1	0.1	0.1	<0.1	#	#	#	#	#	#	#
2	0.7	0.5	0.4	0.3	0.2	0.2	0.1	0.1	0.1	<0.1	<0.1	#	#	#	#	#
5	1.1	0.8	0.6	0.5	0.3	0.3	0.2	0.2	0.1	0.1	0.1	<0.1	<0.1	#	#	#
10	2.1	1.2	1.0	0.7	0.5	0.4	0.3	0.3	0.2	0.1	0.1	0.1	0.1	<0.1	#	#
30	3.0	2.2	1.9	1.2	0.9	0.8	0.6	0.6	0.4	0.3	0.2	0.2	0.1	0.1	<0.1	#
50	4.1	3.0	2.5	1.6	1.2	1.0	0.8	0.7	0.5	0.3	0.3	0.2	0.2	0.1	0.1	<0.1
100	5.8	4.3	3.5	2.7	1.8	1.4	1.2	1.0	0.7	0.6	0.4	0.4	0.3	0.2	0.1	0.1
150	7.4	5.5	4.5	3.1	2.2	1.9	1.4	1.2	0.9	0.7	0.6	0.4	0.4	0.2	0.2	0.1
250	9.9	7.4	5.8	4.1	3.0	2.5	2.0	1.7	1.1	0.9	0.7	0.6	0.5	0.3	0.2	0.1
500	14	11	8.7	5.9	4.3	3.6	2.9	2.5	1.7	1.2	1.0	0.8	0.7	0.4	0.3	0.2
750	17	13	11	7.4	5.5	4.5	3.6	3.1	2.1	1.6	1.2	1.0	0.9	0.5	0.4	0.3
1 000	20	15	12	8.7	6.2	5.3	4.3	3.5	2.5	1.8	1.5	1.2	1.0	0.6	0.4	0.3
1 500	>25	19	16	11	8.1	6.2	5.2	4.5	3.0	2.2	1.8	1.5	1.2	0.7	0.5	0.4
2 000	*	22	18	12	9.3	7.4	6.2	5.2	3.7	2.7	2.2	1.7	1.4	0.9	0.6	0.5
2 500	*	24	20	14	11	8.7	6.8	6.0	3.8	3.0	2.2	1.9	1.7	1.0	0.7	0.6
3 000	*	>25	22	16	11	9.3	7.4	6.8	4.5	3.3	2.7	2.1	1.9	1.1	0.7	0.6
4 000	*	*	>25	18	14	11	8.7	7.4	5.3	4.0	3.2	2.6	2.1	1.2	0.9	0.7
5 000	*	*	*	20	15	12	9.9	8.7	5.8	4.4	3.6	2.9	2.4	1.4	0.9	0.7
7 500	*	*	*	>25	19	16	12	11	7.4	5.5	4.5	3.6	3.0	1.8	1.2	0.9
10 000	*	*	*	*	22	18	14	12	8.7	6.2	5.2	4.2	3.6	2.1	1.4	1.1
15 000	*	*	*	*	>25	22	18	16	11	8.1	6.8	5.2	4.4	2.6	1.7	1.3
20 000	*	*	*	*	*	>25	20	18	12	9.3	7.4	6.0	5.2	3.0	2.0	1.6
50 000	*	*	*	*	*	*	>25	>25	20	15	12	9.7	8.3	5.0	3.3	2.6
75 000	*	*	*	*	*	*	*	*	25	18	15	12	10	6.1	4.1	3.1
100 000	*	*	*	*	*	*	*	*	>25	21	17	14	12	7.0	4.7	3.7
150 000	*	*	*	*	*	*	*	*	*	>25	21	17	14	8.5	5.7	4.5
200 000	*	*	*	*	*	*	*	*	*	*	24	19	16	9.7	6.5	5.1

注：* 为评价距离 25 mile。

参考表 21 重质气体毒性终点距离

（60 min 泄漏，城市地区，D 类稳定度，风速 3 m/s）

泄漏速率/（lb/min）	有毒终点/（mg/L）															
	0.000 4	0.000 7	0.001	0.002	0.003 5	0.005	0.007 5	0.01	0.02	0.035	0.05	0.075	0.1	0.25	0.5	0.75
	距离/mile															
1	0.4	0.3	0.2	0.2	0.1	0.1	0.1	<0.1	#	#	#	#	#	#	#	#
2	0.7	0.5	0.4	0.2	0.2	0.2	0.1	0.1	<0.1	<0.1	#	#	#	#	#	#
5	1.1	0.8	0.7	0.4	0.3	0.2	0.2	0.2	0.1	0.1	<0.1	<0.1	<0.1	#	#	#
10	1.7	1.2	1.0	0.7	0.5	0.4	0.3	0.3	0.2	0.1	0.1	0.1	0.1	<0.1	#	#
30	3.3	2.4	1.9	1.3	0.9	0.7	0.6	0.5	0.3	0.2	0.2	0.2	0.1	0.1	<0.1	#
50	4.7	3.3	2.6	1.7	1.2	1.0	0.8	0.7	0.4	0.3	0.3	0.2	0.2	0.1	0.1	<0.1
100	7.4	5.2	4.1	2.7	1.9	1.5	1.2	1.0	0.7	0.5	0.4	0.3	0.3	0.2	0.1	0.1
150	9.9	6.8	5.3	3.4	2.4	1.9	1.5	1.3	0.9	0.6	0.5	0.4	0.3	0.2	0.1	0.1
250	14	9.3	7.4	4.7	3.4	2.7	2.1	1.7	1.1	0.8	0.7	0.5	0.4	0.3	0.2	0.1
500	22	16	12	7.4	5.2	4.2	3.2	2.7	1.7	1.2	0.8	0.7	0.4	0.3	0.2	0.2
750	>25	20	16	9.9	6.8	5.4	4.2	3.5	2.2	1.6	1.3	1.0	0.9	0.5	0.3	0.3
1 000	*	24	19	12	8.1	6.8	5.0	4.2	2.7	1.8	1.6	1.2	1.0	0.6	0.4	0.3
1 500	*	>25	>25	16	11	8.7	6.8	5.5	3.5	2.2	2.0	1.6	1.3	0.7	0.5	0.4
2 000	*	*	*	19	14	11	8.1	6.8	4.2	3.0	2.2	1.9	1.6	0.9	0.6	0.4
2 500	*	*	*	23	16	12	9.3	7.4	4.9	3.4	2.7	2.1	1.7	1.0	0.6	0.5
3 000	*	*	*	>25	18	14	11	8.7	5.5	3.8	3.0	2.4	2.0	1.1	0.7	0.6
4 000	*	*	*	*	22	17	13	11	6.8	4.7	3.1	2.8	2.4	1.3	0.9	0.7
5 000	*	*	*	*	>25	20	16	12	8.1	5.3	4.3	3.3	2.7	1.5	1.0	0.7
7 500	*	*	*	*	*	25	20	17	11	6.8	5.6	4.3	3.5	2.0	1.2	0.9
10 000	*	*	*	*	*	>25	24	20	13	8.7	6.8	5.2	4.3	2.4	1.5	1.1
15 000	*	*	*	*	*	*	>25	>25	17	11	8.7	6.8	5.6	3.0	1.9	1.5
20 000	*	*	*	*	*	*	*	*	20	14	11	8.1	6.8	3.6	2.3	1.7
50 000	*	*	*	*	*	*	*	*	>25	>25	20	15	13	6.6	4.0	3.1
75 000	*	*	*	*	*	*	*	*	*	*	>25	20	16	8.7	5.3	3.9
100 000	*	*	*	*	*	*	*	*	*	*	*	24	20	10	6.3	4.7
150 000	*	*	*	*	*	*	*	*	*	*	*	>25	>25	14	8.2	6.1
200 000	*	*	*	*	*	*	*	*	*	*	*	*	*	16	9.9	7.3

注：* 为评价距离 25 mile。

参考表 22　压缩液化无水液氨毒性终点距离
（D 类稳定度，风速 3 m/s）

泄漏速率/（lb/min）	终点距离/mile		泄漏速率/（lb/min）	终点距离/mile	
	农村	城市		农村	城市
<10	<0.1*		900	0.6	0.2
10	0.1		1 000	0.6	0.2
15	0.1		1 500	0.7	0.3
20	0.1	<0.1*	2 000	0.8	0.3
30	0.1		2 500	0.9	0.3
40	0.1		3 000	1.0	0.4
50	0.1		4 000	1.2	0.4
60	0.2	0.1	5 000	1.3	0.5
70	0.2	0.1	7 500	1.6	0.5
80	0.2	0.1	10 000	1.8	0.6
90	0.2	0.1	15 000	2.2	0.7
100	0.2	0.1	20 000	2.5	0.8
150	0.2	0.1	25 000	2.8	0.9
200	0.3	0.1	30 000	3.1	1.0
250	0.3	0.1	40 000	3.5	1.1
300	0.3	0.1	50 000	3.9	1.2
400	0.4	0.2	75 000	4.8	1.4
500	0.4	0.2	100 000	5.4	1.6
600	0.5	0.2	150 000	6.6	1.9
700	0.5	0.2	200 000	7.6	2.1
750	0.5	0.2	250 000	8.4	2.3
800	0.5	0.2			

注：* 代表超出了预测下限，<0.1 mile。

参考表 23　非液化氨、制冷液化氨或氨水毒性终点距离

（D 类稳定度，风速 3 m/s）

泄漏速率/ (lb/min)	终点距离/mile		泄漏速率/ (lb/min)	终点距离/mile	
	农村	城市		农村	城市
<8	<0.1*		800	0.7	0.2
8	0.1		900	0.7	0.3
10	0.1		1 000	0.8	0.3
15	0.1	<0.1*	1 500	1.0	0.4
20	0.1		2 000	1.2	0.4
30	0.1		2 500	1.2	0.4
40	0.1		3 000	1.5	0.5
50	0.2	0.1	4 000	1.8	0.6
60	0.2	0.1	5 000	2.0	0.7
70	0.2	0.1	7 500	2.2	0.7
80	0.2	0.1	10 000	2.5	0.8
90	0.2	0.1	15 000	3.1	1.0
100	0.2	0.1	20 000	3.6	1.2
150	0.3	0.1	25 000	4.1	1.3
200	0.3	0.1	30 000	4.4	1.4
250	0.4	0.2	40 000	5.1	1.6
300	0.4	0.2	50 000	5.8	1.8
400	0.4	0.2	75 000	7.1	2.2
500	0.5	0.2	100 000	8.2	2.5
600	0.6	0.2	150 000	10	3.1
700	0.6	0.2	200 000	12	3.5
750	0.6	0.2			

注：* 代表超出了预测下限，<0.1 mile。

参考表 24 氯毒性终点距离

（D 类稳定度，风速 3 m/s）

泄漏速率/	终点距离/mile		泄漏速率/	终点距离/mile	
（lb/min）	农村	城市	（lb/min）	农村	城市
1	<0.1*		750	1.2	0.4
2	0.1	<0.1*	800	1.2	0.5
5	0.1		900	1.2	0.5
10	0.2	0.1	1 000	1.3	0.5
15	0.2	0.1	1 500	1.6	0.6
20	0.2	0.1	2 000	1.8	0.6
30	0.3	0.1	2 500	2.0	0.7
40	0.3	0.1	3 000	2.2	0.8
50	0.3	0.1	4 000	2.5	0.8
60	0.4	0.2	5 000	2.8	0.9
70	0.4	0.2	7 500	3.4	1.2
80	0.4	0.2	10 000	3.9	1.3
90	0.4	0.2	15 000	4.6	1.6
100	0.5	0.2	20 000	5.3	1.8
150	0.6	0.2	25 000	5.9	2.0
200	0.6	0.3	30 000	6.4	2.1
250	0.7	0.3	40 000	7.3	2.4
300	0.8	0.3	50 000	8.1	2.7
400	0.8	0.4	75 000	9.8	3.2
500	1.0	0.4	100 000	11	3.6
600	1.0	0.4	150 000	13	4.2
700	1.1	0.4	200 000	15	4.8

注：* 代表超出了预测下限，<0.1 mile。

参考表 25　二氧化硫毒性终点距离

（D 类稳定度，风速 3 m/s）

泄漏速率/ (lb/min)	终点距离/mile		泄漏速率/ (lb/min)	终点距离/mile	
	农村	城市		农村	城市
1	<0.1*		750	1.3	0.5
2	0.1	<0.1*	800	1.3	0.5
5	0.1		900	1.4	0.5
10	0.2	0.1	1 000	1.5	0.5
15	0.2	0.1	1 500	1.9	0.6
20	0.2	0.1	2 000	2.2	0.7
30	0.2	0.1	2 500	2.3	0.8
40	0.3	0.1	3 000	2.7	0.8
50	0.3	0.1	4 000	3.1	1.0
60	0.4	0.2	5 000	3.3	1.1
70	0.4	0.2	7 500	4.0	1.3
80	0.4	0.2	10 000	4.6	1.4
90	0.4	0.2	15 000	5.6	1.7
100	0.5	0.2	20 000	6.5	1.9
150	0.6	0.2	25 000	7.3	2.1
200	0.6	0.2	30 000	8.0	2.3
250	0.7	0.3	40 000	9.2	2.6
300	0.8	0.3	50 000	10	2.9
400	0.9	0.4	75 000	13	3.5
500	1.0	0.4	100 000	14	4.0
600	1.1	0.4	150 000	18	4.7
700	1.2	0.4	200 000	20	5.4

注：* 代表超出了预测下限，<0.1 mile。

参考表 26 轻气体羽流燃烧下限终点距离

（泄漏速率除以燃烧下限，乡村地区，D 类稳定度，风速 3 m/s）

泄漏速率/毒性终点/ [（lb/min）/（mg/L）]	终点距离/mile	泄漏速率/毒性终点/ [（lb/min）/（mg/L）]	终点距离/mile
0～28	0.1	2 700～3 300	0.9
28～40	0.1	3 300～3 900	1.0
40～60	0.1	3 900～4 500	1.1
60～220	0.2	4 500～5 200	1.2
220～530	0.3	5 200～5 800	1.3
530～860	0.4	5 800～6 800	1.4
860～1 300	0.5	6 800～8 200	1.6
1 300～1 700	0.6	8 200～9 700	1.8
1 700～2 200	0.7	9 700～11 000	2.0
2 200～2 700	0.8	11 000～13 000	2.2

参考表 27 轻气体羽流燃烧下限终点距离

（泄漏速率除以燃烧下限，城市地区，D 类稳定度，风速 3 m/s）

泄漏速率/毒性终点/ [（lb/min）/（mg/L）]	终点距离/mile	泄漏速率/毒性终点/ [（lb/min）/（mg/L）]	终点距离/mile
0～68	0.1	5 500～7 300	0.7
68～100	0.1	7 300～9 200	0.8
100～150	0.1	9 200～11 000	0.9
150～710	0.2	11 000～14 000	1.0
710～1 500	0.3	14 000～18 000	1.2
1 500～2 600	0.4	18 000～26 000	1.4
2 600～4 000	0.5	26 000～31 000	1.6
4 000～5 500	0.6	31 000～38 000	1.8

参考表 28　重质气体燃烧下限终点距离

（乡村地区，D 类稳定度，风速 3 m/s）

泄漏速率/ (lb/min)	燃烧下限/（mg/L）									
	27	30	35	40	45	50	60	70	100	＞100
	距离/mile									
＜1 500	#	#	#	#	#	#	#	#	#	#
1 500	＜0.1	＜0.1	#	#	#	#	#	#	#	#
2 000	0.1	0.1	＜0.1	#	#	#	#	#	#	#
2 500	0.1	0.1	0.1	＜0.1	#	#	#	#	#	#
3 000	0.1	0.1	0.1	0.1	＜0.1	＜0.1	#	#	#	#
4 000	0.1	0.1	0.1	0.1	0.1	0.1	＜0.1	#	#	#
5 000	0.1	0.1	0.1	0.1	0.1	0.1	0.1	＜0.1	#	#
7 500	0.2	0.1	0.1	0.1	0.1	0.1	0.1	0.1	＜0.1	#
10 000	0.2	0.2	0.1	0.1	0.1	0.1	0.1	0.1	0.1	＜0.1

注：* 代表小于 0.1 mile。

参考表 29　重质气体燃烧下限终点距离

（城市地区，D 类稳定度，风速 3 m/s）

泄漏速率/ (lb/min)	燃烧下限/（mg/L）				
	27	30	35	40	＞40
	距离/mile				
＜5 000	#	#	#	#	#
5 000	＜0.1	＜0.1	#	#	#
7 500	0.1	0.1	＜0.1	#	#
10 000	0.1	0.1	0.1	＜0.1	#

参考表 30 沸腾液体膨胀蒸汽爆炸引起的火球导致可能的二级烧伤阈值的辐射热剂量距离与

暴露时间的关系

[剂量 = （5 kW/m²）$^{4/3}$ × 暴露时间]

火球质量/lb		1 000	5 000	10 000	20 000	30 000	50 000	75 000	100 000	200 000	300 000	500 000
火球持续时间/s		3.5	5.9	7.5	9.4	10.8	12.7	14.8	15.5	17.4	18.7	20.3
CAS 编号	化学品名称	火球可能造成二级烧伤的暴露距离/mile										
75-07-0	乙醛	0.04	0.08	0.1	0.1	0.2	0.2	0.3	0.3	0.4	0.5	0.6
74-86-2	乙炔	0.05	0.1	0.1	0.2	0.2	0.3	0.4	0.4	0.5	0.6	0.8
598-73-2	溴代三氟代乙烯	0.01	0.02	0.03	0.04	0.05	0.06	0.07	0.08	0.1	0.1	0.2
106-99-0	1,3-丁二烯	0.05	0.1	0.1	0.2	0.2	0.3	0.4	0.4	0.5	0.6	0.8
106-97-8	丁烷	0.05	0.1	0.1	0.2	0.2	0.3	0.4	0.4	0.5	0.6	0.8
106-98-9	1-丁烯	0.05	0.1	0.1	0.2	0.2	0.3	0.4	0.4	0.5	0.6	0.8
107-01-7	2-丁烯	0.05	0.1	0.1	0.2	0.2	0.3	0.4	0.4	0.5	0.6	0.8
25167-67-3	丁烯	0.05	0.1	0.1	0.2	0.2	0.3	0.4	0.4	0.5	0.6	0.8
590-18-1	顺-2-丁烯	0.05	0.1	0.1	0.2	0.2	0.3	0.4	0.4	0.5	0.6	0.8
624-64-6	反-2-丁烯	0.05	0.1	0.1	0.2	0.2	0.3	0.4	0.4	0.5	0.6	0.8
463-58-1	羰基硫	0.02	0.05	0.06	0.09	0.1	0.1	0.2	0.2	0.2	0.3	0.3
7791-21-1	一氧化二氯	0.01	0.02	0.02	0.03	0.03	0.04	0.05	0.06	0.08	0.09	0.1
557-98-2	2-氯丙烯	0.03	0.07	0.1	0.1	0.2	0.2	0.2	0.3	0.4	0.4	0.5
590-21-6	1-氯-1-丙烯	0.03	0.07	0.1	0.1	0.2	0.2	0.2	0.3	0.4	0.4	0.5
460-19-5	氰	0.03	0.07	0.1	0.1	0.2	0.2	0.2	0.3	0.4	0.4	0.5
75-19-4	环丙烷	0.05	0.1	0.1	0.2	0.2	0.3	0.4	0.4	0.5	0.6	0.8
4109-96-0	二氯硅烷	0.02	0.04	0.06	0.08	0.1	0.1	0.2	0.2	0.2	0.3	0.3
75-37-6	1,1-二氟乙烷	0.02	0.05	0.07	0.1	0.1	0.1	0.2	0.2	0.3	0.3	0.4
124-40-3	二甲胺	0.04	0.09	0.1	0.2	0.2	0.3	0.3	0.4	0.5	0.5	0.7
463-82-1	新戊烷	0.05	0.1	0.1	0.2	0.2	0.3	0.4	0.4	0.5	0.6	0.8
74-84-0	乙烷	0.05	0.1	0.1	0.2	0.2	0.3	0.4	0.4	0.5	0.6	0.8
107-00-6	1-丁炔	0.05	0.1	0.1	0.2	0.2	0.3	0.4	0.4	0.5	0.6	0.8
75-04-7	乙胺	0.04	0.09	0.1	0.2	0.2	0.3	0.3	0.4	0.5	0.5	0.7
75-00-3	氯乙烷	0.03	0.07	0.09	0.1	0.2	0.2	0.3	0.3	0.4	0.5
74-85-1	乙烯	0.05	0.1	0.1	0.2	0.2	0.3	0.4	0.4	0.5	0.6	0.8
60-29-7	乙醚	0.04	0.09	0.1	0.2	0.2	0.2	0.3	0.3	0.5	0.5	0.7
75-08-1	乙硫醇	0.04	0.08	0.1	0.2	0.2	0.2	0.3	0.3	0.4	0.5	0.6
109-95-5	亚硝酸乙酯	0.03	0.06	0.09	0.1	0.1	0.2	0.2	0.3	0.3	0.4	0.5
1333-74-0	氢	0.08	0.2	0.2	0.3	0.4	0.5	0.6	0.6	0.9	1.0	1.2
75-28-5	异丁烷	0.05	0.1	0.1	0.2	0.2	0.3	0.4	0.4	0.5	0.6	0.8
78-78-4	异戊烷	0.05	0.1	0.1	0.2	0.2	0.3	0.4	0.4	0.5	0.6	0.8

火球质量/lb	1 000	5 000	10 000	20 000	30 000	50 000	75 000	100 000	200 000	300 000	500 000
火球持续时间/s	3.5	5.9	7.5	9.4	10.8	12.7	14.8	15.5	17.4	18.7	20.3

CAS 编号	化学品名称	火球可能造成二级烧伤的暴露距离/mile										
78-79-5	异戊二烯	0.05	0.1	0.1	0.2	0.2	0.3	0.4	0.4	0.5	0.6	0.7
75-31-0	异丙胺	0.04	0.09	0.1	0.2	0.2	0.3	0.3	0.4	0.5	0.6	0.7
75-29-6	2-氯丙烷	0.04	0.07	0.1	0.1	0.2	0.2	0.3	0.3	0.4	0.4	0.5
74-82-8	甲烷	0.05	0.1	0.1	0.2	0.2	0.3	0.4	0.4	0.6	0.6	0.8
74-89-5	氨基甲烷	0.04	0.08	0.1	0.2	0.2	0.2	0.3	0.3	0.4	0.5	0.6
563-45-1	异戊烯	0.05	0.1	0.1	0.2	0.2	0.3	0.4	0.4	0.5	0.6	0.8
563-46-2	2-甲基-1-丁烯	0.05	0.1	0.1	0.2	0.2	0.3	0.4	0.4	0.5	0.6	0.7
115-10-6	二甲醚	0.04	0.08	0.1	0.2	0.2	0.2	0.3	0.3	0.4	0.5	0.6
107-31-3	甲酸甲酯	0.03	0.06	0.08	0.1	0.1	0.2	0.2	0.2	0.3	0.4	0.4
115-11-7	2-甲基丙烯	0.05	0.1	0.1	0.2	0.2	0.3	0.4	0.4	0.5	0.6	0.8
504-60-9	间戊二烯	0.05	0.1	0.1	0.2	0.2	0.3	0.4	0.4	0.5	0.6	0.7
109-66-0	正戊烷	0.05	0.1	0.1	0.2	0.2	0.3	0.4	0.4	0.5	0.6	0.8
109-67-1	1-戊烯	0.05	0.1	0.1	0.2	0.2	0.3	0.4	0.4	0.5	0.6	0.8
646-04-8	反-2-戊烯	0.05	0.1	0.1	0.2	0.2	0.3	0.4	0.4	0.5	0.6	0.8
627-20-3	顺-2-戊烯	0.05	0.1	0.1	0.2	0.2	0.3	0.4	0.4	0.5	0.6	0.8
463-49-0	丙二烯	0.05	0.1	0.1	0.2	0.2	0.3	0.4	0.4	0.5	0.6	0.8
74-98-6	丙烷	0.05	0.1	0.1	0.2	0.2	0.3	0.4	0.4	0.5	0.6	0.8
115-07-1	丙烯	0.05	0.1	0.1	0.2	0.2	0.3	0.4	0.4	0.5	0.6	0.8
74-99-7	丙炔	0.05	0.1	0.1	0.2	0.2	0.3	0.4	0.4	0.5	0.6	0.8
7803-62-5	硅烷	0.05	0.1	0.1	0.2	0.2	0.3	0.4	0.4	0.5	0.6	0.7
116-14-3	四氟乙烯	0.01	0.02	0.02	0.03	0.04	0.05	0.06	0.07	0.09	0.1	0.1
75-76-3	四甲基硅烷	0.05	0.1	0.1	0.2	0.2	0.3	0.3	0.4	0.5	0.6	0.7
10025-78-2	三氯氢硅	0.01	0.03	0.04	0.06	0.07	0.08	0.1	0.1	0.2	0.2	0.2
79-38-9	三氟氯乙烯	0.01	0.02	0.03	0.04	0.05	0.06	0.07	0.08	0.1	0.1	0.2
75-50-3	三甲胺	0.04	0.09	0.1	0.2	0.2	0.3	0.3	0.4	0.5	0.6	0.7
689-97-4	乙烯基乙炔	0.05	0.1	0.1	0.2	0.2	0.3	0.4	0.4	0.5	0.6	0.8
75-01-4	乙烯基氯	0.03	0.07	0.09	0.1	0.2	0.2	0.2	0.3	0.3	0.4	0.5
109-92-2	乙烯基乙醚	0.04	0.09	0.1	0.2	0.2	0.2	0.3	0.3	0.4	0.5	0.6
75-02-5	氟化乙烯	0.01	0.02	0.03	0.04	0.05	0.06	0.08	0.09	0.1	0.1	0.2
75-35-4	1,1-二氯乙烯	0.02	0.05	0.07	0.09	0.1	0.1	0.2	0.2	0.3	0.3	0.4
75-38-7	偏氟乙烯	0.02	0.05	0.07	0.09	0.1	0.1	0.2	0.2	0.3	0.3	0.4
107-25-5	乙烯基甲醚	0.04	0.08	0.1	0.2	0.2	0.2	0.3	0.3	0.4	0.5	0.6

11

估算的非现场受体（关心目标）

应估算在最可能事故情景及最不利事故情景下毒性终点浓度范围内的居民数量。此外，在 RMP 中必须报告是否有公众受体或环境受体在毒性终点浓度范围内。

要估算居民数量，需要使用最新的人口普查数据或者被验证为更准确的其他数据来源。一般来说，政府能够提供该数据，不需要更新人口普查数据或者实施人口调查。人口普查数据可在公共图书馆或 LandView®①系统的数据光盘中获取，预估人口数一般要求为两位有效数字。例如，若范围中有 1 260 人，那么可以计 1 300 人。若人数在 10~100 人，则估算至最接近的几十人；若人数为个位数，则提供实际人数。

人口普查数据均基于各地的普查结果，如果所需估算的范围只是某普查区块的一部分，那么需要为这一区块做进一步估算工作。比较容易的方法是确定每平方英里的人口密度（普查区块的人口数除以普查区块的面积），然后乘以需要估算的范围内面积。因为一般情况下一个人口普查区块内的实际的人口密度变化不大。

如果范围中有学校、居民区、医院、监狱、公众休闲场所，或者商业、办公，或工业区，则必须单独列出，以上均为公众受体。不必列出所有的机构和地区名称，只需要按类型列出。大部分受体都可以从 USGS 地图②中辨认，休闲场所是指泳池、公园等，为休闲活动提供的场所（如篮球场）；商业区和工业区是指商场、零售店、市中心商业

---

① LandView®Ⅲ系统（现可使用 2011 年 12 月数据，已更新至 6 版，见 http://www.census.gov/geo/landview/）。该系统是 EPA、人口普查局、美国地理调查、核管理委员会、运输局和联邦紧急事务管理署等的地图数据库。它基于地理环境，并标有管辖界区、铁路、公路、水系、人口普查区块、科教文卫机构、教堂、墓地、机场、水坝，以及其他地标设施。
② 数字地图数据和图形地图产品是美国地质勘探局（USGS）国家地图系统的组成部分。USGS 最常见的是 1∶24 000 地形图，这是产品的主要比例，比中尺寸（1∶50 000 和 1∶100 000）和小尺寸（1∶250 000 和 1∶2 000 000 或者更小）地图更能描绘出小区域的细节。

区、工业园等。需要更多关于公共场所的辨识知识，请见 EPA 的 40 CFR 68 部分。

需特别注意：无须评估对公众或环境受体的潜在影响的可能性、类型或影响严重程度，识别受体在范围内只是表明他们可能会受到事故的不利影响。

12

向"风险管理规划"提交场外后果分析信息

作为 RMP 的组成部分，非现场后果分析中需要提供在最不利事故情景和最可能场景下超过限值的有毒和可燃监管化学品的信息。如果化学品源属于类型 1、类型 2 或类型 3，则被要求提供的信息将有所不同。

如果化学品源属于类型 1，则需要提供最不利事故情景下所有类型 1 的信息。如果属于类型 2 或者类型 3，则需要提供一个最不利事故情景下所有超出限值有毒物质泄漏和一个最不利事故情景下所有超出限值可燃物质泄漏。如果存在另一种可能会影响公众受体的最不利事故情景，需提供另外一个最大事故情景的信息。

此外，除了最不利事故情景，属于类型 2 和类型 3 流程的化学品还需提供在最有可能事故情况下的信息。每种监管化学品都需要提供一种可能情景（导致浓度、超压或辐射热到达厂界外的终点浓度）的信息，包括已提供最不利情景的化学品。提交文件的种类有：有毒物质最不利泄漏情况、有毒物质最有可能泄漏情况、可燃物质最不利泄漏、可燃物质最有可能泄漏。

12.1 RMP 要求的有毒物质最不利泄漏数据

对于有毒物质最不利泄漏情况，需要提供以下数据，可参见 RMP 报告手册的完整结构。

①化学品名称；

②监管有毒液体物料的质量百分数；

③泄漏化学品的物理状态（气、液、非冷凝液化气体、压缩液化气）；

④使用模型（OCA 或者特定工业指南中的表或者模型；其他应用的模型的名称）；

⑤情况（气体泄漏、液体泄漏和蒸发）；

⑥泄漏量（lb）；

⑦泄漏速率（lb/min）；

⑧泄漏持续时间（min）（气体为 10 min；如果采用 OCA 指南计算液体，可采用 10 min 或者 60 min）；

⑨风速（m/s）和稳定度（1.5 m/s 和 F 稳定度，除非可以在之前 3 年内找到风速更高和更不稳定的大气状态情况）；

⑩地形（乡村或城市）；

⑪终点浓度距离（mile，保留 2 位有效数字）；

⑫终点浓度范围内的人口数（居民数保留 2 位有效数字）；

⑬终点浓度范围的公众受体（学校、居民区、医院、监狱、休闲区、商业或工业区等）；

⑭终点浓度范围的环境受体（国家或州立公园、森林、纪念碑、官方指定的野生动物保护区、避难所、联邦确定的荒地等）；

⑮环保设施（围场、堤坝、下水道、污水坑等）。

12.2　RMP 要求的有毒物质可能的泄漏数据

对于有在类型 2 或类型 3 中的有毒物质超出限值的可能情况，需要提供以下数据，可参见 RMP 报告手册的完整结构。

①化学品名称；

②监管有毒液体物料的质量百分数；

③泄漏化学品的物理状态（气、液、非冷凝液化气体、压缩液化气）；

④使用模型（OCA 或者特定工业指南中的表格或者模型；其他应用的模型的名称）；

⑤情况（气体泄漏、液体泄漏和蒸发）；

⑥泄漏量（lb）；

⑦泄漏速率（lb/min）；

⑧泄漏持续时间（min）（气体为 10 min；如果采用 OCA 指南计算液体，可采用 10 min 或者 60 min）；

⑨风速（m/s）和稳定度（1.5 m/s 和 F 稳定度，除非可以在之前 3 年内找到风速更高和更不稳定的大气状态情况）；

⑩地形（乡村或城市）；

⑪终点浓度距离（mile，保留 2 位有效数字）；

⑫终点浓度内的人口数（居民数保留 2 位有效数字）；

⑬终点浓度内的公众受体（学校、居民区、医院、监狱、休闲区、商业或工业区等）；

⑭终点浓度内的环境受体（国家或州立公园、森林、纪念碑、官方指定的野生动物保护区、避难所、联邦确定的荒地等）；

⑮环保设施（围场、堤坝、下水道、污水坑等）；

⑯主动控制措施（自动喷水灭火系统、雨淋灭火系统、水幕、中和、额外的流量控制阀、火炬、洗涤塔、紧急停车系统及其他）。

12.3　RMP 要求的可燃物质最不利泄漏数据

对于可燃物质最不利泄漏情况，需要提供以下数据，可参见 RMP 报告手册的完整结构。

①化学品名称；

②使用模型（OCA 或者特定工业指南中的表格或者模型；其他应用的模型的名称）；

③情况（蒸汽云爆炸）；

④泄漏量（lb）；

⑤限值的取值（蒸汽云爆炸取 psi）；

⑥离终点的距离（mile，保留 2 位有效数字）；

⑦终点内的人口数（居民数保留 2 位有效数字）；

⑧终点内的公众受体（学校、居民区、医院、监狱、休闲区、商业或工业区等）；

⑨终点内的环境受体（国家或州立公园、森林、纪念碑、官方指定的野生动物保护区、避难所、联邦确定的荒地等）；

⑩环保设施（防爆墙等）。

12.4　RMP 要求的可燃物质可能泄漏的数据

对于有在类型 2 或类型 3 中的可燃物质超出限值的可能情况，需要提供以下数据，可参见 RMP 报告手册的完整结构。

①化学品名称；

②使用模型（OCA 或者特定工业指南中的表格或者模型；其他应用的模型的名称）；

③情况（蒸汽云爆炸、火球、BLEVE、池火、喷射火、蒸汽云火、其他）；

④限值的取值（蒸汽云爆炸取超压 1 psi；火球为 $5\,kW/m^2$, $40\,s$ [1]）；

⑤离终点的距离（mile，保留 2 位有效数字）；

⑥终点内的人口数（居民数保留 2 位有效数字）；

⑦终点内的公众受体（学校、居民区、医院、监狱、休闲区、商业或工业区等）；

⑧终点内的环境受体（国家或州立公园、森林、纪念碑、官方指定的野生动物保护区、避难所、联邦确定的荒地等）；

⑨环保设施（围场、堤坝、下水道、污水坑等）；

⑩主要控制措施（自动喷水灭火系统、雨淋灭火系统、水幕、中和、额外的流量控制阀、火炬、洗涤塔、紧急停车系统及其他）。

12.5　RMPs 上报

EPA 制作了 RMP*e 来帮助完成 RMP 的上报。RMP*e 上报内容包括以下几点：

①通过 EPA 的中央数据交换系统（CDX）提供一个用户友好的、基于网络的 RMP 上报系统。

②提供数据质量检查，允许有限图形系统，提供在线帮助包括定义数据因子和提供操作指南。

③在线报告简化程序，可节约用户时间，并提高数据质量和安全性。

④EPA 使用工业标准科技，包括大多数商业银行所使用的加密方式，以及严格的用户 ID 和密码协议来保护用户信息。

⑤用户可以随时在线进入自己的 RMP。

12.6　其他所需文档

除了需要在 RMP 中上报的信息，一些非现场结果分析记录还需要被维护。根据 40 CFR 68.39，以下记录需要维护（提供）：

①在最不利事故情景下，压力容器和管道等被选取作为最不利事故情景的设备的描述，使用的假设和参数以及选择该设备的理由。假设应包括采用的所有主动或被动控制措施，预期效果及采用控制措施后泄漏量及泄漏速率也应被描述。

②对于最可能事故情景的泄漏，需要描述选定场景，使用的假设和参数，以及选择该种情景的理由。假设应包括采用的所有主动或被动控制措施，预期效果及采用控制措施后泄漏量及泄漏速率也应被描述。

---

[1] 可根据 NFPA 文件或其他公认来源的规定列出可燃性下限（以百分比表示），具体可参阅 OCA 指南。

③估算泄漏量、泄漏速率和泄漏持续时间的文件。

④用于确定终点距离的方法。

⑤用于估算潜在受影响人数和环境受体的数据来源。

附 录

附录 A　后果分析法参考目录

表 A-1 给出了场外后果分析中建模或计算方法相关的参考文献。但后果分析法涉及的文献并不局限于此列表，任何合适的模型或方法都是可用的。

表 A-1

后果分析方法部分相关参考文献

Center for Process Safety of the American Institute of Chemical Engineers（AIChE）. *Guidelines for Evaluating the Characteristics of Vapor Cloud Explosions，Flash Fires，and BLEVEs*. New York：AIChE，1994.

Center for Process Safety of the American Institute of Chemical Engineers（AIChE）. *Guidelines for Use of Vapor Cloud Dispersion Models*，Second Ed. New York：AIChE，1996.

Center for Process Safety of the American Institute of Chemical Engineers（AIChE）. *International Conference and Workshop on Modeling and Mitigating the Consequences of Accidental Releases of Hazardous Materials*，September 26-29，1995. New York：AIChE，1995.

Federal Emergency Management Agency，U.S. Department of Transportation，U.S. Environmental Protection Agency. *Handbook of Chemical Hazard Analysis Procedures*. 1989.

Madsen，Warren W. and Robert C. Wagner. "An Accurate Methodology for Modeling the Characteristics of Explosion Effects." *Process Safety Progress*，13（July 1994），171-175.

Mercx，W.P.M.，D.M. Johnson，and J. Puttock. "Validation of Scaling Techniques for Experimental Vapor Cloud Explosion Investigations." *Process Safety Progress*，14（April 1995），120.

Mercx, W.P.M., R.M.M. van Wees, and G. Opschoor. "Current Research at TNO on Vapor Cloud Explosion Modelling." *Process Safety Progress*, 12 (October 1993), 222.

Prugh, Richard W. "Quantitative Evaluation of Fireball Hazards." *Process Safety Progress*, 13 (April 1994), 83-91.

Scheuermann, Klaus P. "Studies About the Influence of Turbulence on the Course of Explosions." *Process Safety Progress*, 13 (October 1994), 219.

TNO Bureau for Industrial Safety, Netherlands Organization for Applied Scientific Research. *Methods for the Calculation of the Physical Effects*. The Hague, the Netherlands: Committee for the Prevention of Disasters, 1997.

TNO Bureau for Industrial Safety, Netherlands Organization for Applied Scientific Research. *Methods for the Calculation of the Physical Effects of the Escape of Dangerous Material (Liquids and Gases)*. Voorburg, the Netherlands: TNO (Commissioned by Directorate-General of Labour), 1980.

TNO Bureau for Industrial Safety, Netherlands Organization for Applied Scientific Research. *Methods for the Calculation of the Physical Effects Resulting from Releases of Hazardous Materials*. Rijswijk, the Netherlands: TNO (Commissioned by Directorate-General of Labour), 1992.

TNO Bureau for Industrial Safety, Netherlands Organization for Applied Scientific Research. *Methods for the Determination of Possible Damage to People and Objects Resulting from Releases of Hazardous Materials*. Rijswijk, the Netherlands: TNO (Commissioned by Directorate-General of Labour), 1992.

Touma, Jawad S., et al. "Performance Evaluation of Dense Gas Dispersion Models." *Journal of Applied Meteorology*, 34 (March 1995), 603-615.

U.S. Environmental Protection Agency, Federal Emergency Management Agency, U.S. Department of Transportation. *Technical Guidance for Hazards Analysis, Emergency Planning for Extremely Hazardous Substances*. December 1987.

U.S. Environmental Protection Agency, Office of Air Quality Planning and Standards. *Workbook of Screening Techniques for Assessing Impacts of Toxic Air Pollutants*. EPA-450/4-88-009. September 1988.

U.S. Environmental Protection Agency, Office of Air Quality Planning and Standards. *Guidance on the Application of Refined Dispersion Models for Hazardous/Toxic Air Release*. EPA-454/R-93-002. May 1993.

U.S. Environmental Protection Agency, Office of Pollution Prevention and Toxic Substances. *Flammable Gases and Liquids and Their Hazards*. EPA 744-R-94-002. February 1994.

附录 B 有毒物质

B.1 有毒物质资料

本指南正文给出了限制性有毒物质（regulated toxic substances）的计算方法，其中所用到的相关数据将在本附录 B 的列表中给出。表 B-1 给出了有毒气体相关数据，表 B-2 给出了有毒液体相关数据，表 B-3 给出了几种有毒物质水溶液和发烟硫酸的相关数据，表 B-4 给出了液池中有毒液体液池挥发速率的温度校正因子（25～50℃）。

表 B-1～表 B-4 中参数的来源可参见附录 D。表 B-1 和表 B-2 中参数的确定主要依据美国化学工程师学会物理性质数据设计院（Design Institute for Physical Property Data，DIPPR，American Institute of Chemical Engineers）的《纯化学品的物理及热力学性质汇编》（*Physical and Thermodynamic Properties of Pure Chemicals，Data Compilation*），该汇编目录之外的物质则参考美国国家医学图书馆有害物质资料库（National Library of Medicine's Hazardous Substances Databank，HSDB）以及《柯克-奥斯莫化工技术百科全书》（*Kirk-Othmer Encyclopedia of Chemical Technology*）。表 B-3 主要依据《佩里化学工程师手册》（*Perry's Chemical Engineers' Handbook*）和《柯克-奥斯莫化工技术百科全书》。表 B-4 中的温度校正因子则主要依据 DIPPR《纯化学品的物理及热力学性质汇编》中的蒸汽压系数数据。

表 B-1　有毒气体数据

CAS 编号	化学物质名称	分子量	比热容	毒性终点浓度			液体沸腾因子（沸点）(LFB)	密度因子 (DF)	气体因子 (GF)	25℃蒸汽压 (lb/in², 绝对值)	参考归类
				mg/L	ppm (10^{-6})	依据					
7664-41-7	氨（无水）	17.03	1.31	0.14	200	美国工业卫生协会 ERPG-2 限值	0.073	0.71	14	145	轻物质
7784-42-1	砷化氢	77.95	1.28	0.0019	0.6	EHS 管理体系关心浓度限值	0.23	0.30	30	239	重物质
10294-34-5	三氯化硼	117.17	1.15	0.010	2	EHS 管理体系关心浓度限值	0.22	0.36	36	22.7	重物质
（以下略）											

表 B-2　有毒液体数据

CAS 编号	化学物质名称	分子量	25℃蒸汽压/ mmHg	毒性终点浓度			液体因子		密度因子 (DF)	液体泄漏因子 (LLF)	参考归类	
				mg/L	ppm (10^{-6})	依据	常温 (LFA)	沸点 (LFB)			最差情景	其他情景
107-02-8	丙烯醛	56.06	274	0.0011	0.5	美国工业卫生协会 ERPG-2 值	0.047	0.12	0.58	40	重物质	重物质
107-13-1	丙烯腈	53.06	108	0.076	35	美国工业卫生协会 ERPG-2 限值	0.018	0.11	0.61	39	重物质	重物质
814-68-6	丙烯酰氯	90.51	110	0.00090	0.2	EHS 管理体系关心浓度限值	0.026	0.15	0.44	54	重物质	重物质
（以下略）												

表 B-3 有毒物质水溶液及发烟硫酸数据

（风速 1.5 m/s 及 3.0 m/s）

| CAS 编号 | 溶液中限制性物质 | 分子量 | 毒性终点浓度 | | 依据 | 初始浓度（质量百分比） | 10 min 平均蒸汽压（mmHg） | | 25℃液体常温因子（LFA） | | 密度因子（DF） | 液体泄漏因子（LLF） | 参考归类 | |
			mg/L	ppm（10^{-6}）			1.5 m/s	3.0 m/s	1.5 m/s	3.0 m/s			最差情景	其他情景
7664-41-7	氨	17.03	0.14	200	美国工业卫生协会含 ERPG-2 限值	30	332	248	0.026	0.019	0.55	43	轻物质	轻物质
						24	241	184	0.019	0.014	0.54	44	轻物质	轻物质
						20	190	148	0.015	0.011	0.53	44	轻物质	轻物质
50-00-0	甲醛	30.027	0.012	10	美国工业卫生协会含 ERPG-2 限值	37	1.5	1.4	0.000 2	0.000 2	0.44	53	轻物质	轻物质
（以下略）														

表 B-4 有毒液体液池挥发速率温度校正因子（25～50℃）

| CAS 编号 | 化学名称 | 沸点/℃ | 温度校正因子（TCF） | | | | |
			30℃	35℃	40℃	45℃	50℃
107-02-8	丙烯醛	52.69	1.2	1.4	1.7	2.0	2.3
107-13-1	丙烯腈	77.35	1.2	1.5	1.8	2.1	2.5
814-68-6	丙烯酰氯	75.00	ND	ND	ND	ND	ND
（以下略）							

注：ND 表示无值。

B.2   有毒液体混合物

在限制性有毒液体混合物泄漏的情景中（一般水溶液情景例外，详见3.3），泄漏液池面积根据3.2.2或3.2.3计算。在计算过程中，如果混合物的密度未知，则应使用限制性有毒物质的密度代替。

如果限制性有毒物质的蒸汽分压已知，则可根据3.2中的公式计算释放速率。如果限制性有毒物质的蒸汽分压未知，在理想混合液（指混合液内聚力均匀）的假设下，则可利用纯物质的蒸汽压（见附录B，表B-2）及纯物质在溶液中的浓度进行估算。某些与混合液/溶液中其他成分有相互作用的限制性有毒物质，在采用该方法估算时可能会高估或低估其蒸汽分压。例如，通常来讲水溶液就不是理想混合液，当溶液中有氢键存在（如酸或醇的水溶液）时，这种估算方法很可能高估限制性有毒物质的蒸汽分压。

根据理想溶液的拉乌尔定律（Raoult's Law），可以遵循以下步骤估算混合溶液中限制性有毒物质的蒸汽分压。

（1）计算溶液中限制性有毒物质的摩尔分数

（内容略）

（2）计算限制性有毒物质的蒸汽分压

（内容略）

混合溶液中有毒物质的挥发速率根据纯物质的挥发速率确定。如果混合溶液中含有多于一种限制性有毒物质，则需针对每一种有毒物质分别计算。挥发速率方程（B-7）略。

挥发速率方程详见附录D中D.2.1。方程（B-7）由方程（D-1）导出。

参考第4章中的方法，可由有毒物质释放速率计算最差情景中毒性终点浓度的后果距离。

附录 C   可燃物质

C.1   蒸汽云爆炸 1 psi 超压距离估算公式

在可燃气体和挥发性可燃液体的最坏情景中，并不考虑释放速率。全部可燃物质被假定为生成一团蒸汽云。假设蒸汽云全部处于可燃极限内，且可能发生爆炸。在最坏情景下，假定 10%的蒸汽云物质参与爆炸（即产量因子为 0.10）。根据 TNT 当量方法，蒸汽云爆炸 1 psi（lb/in^2）超压距离公式略。

上述公式用于计算参引表 13 中的蒸汽云爆炸超压终点（1 psi）距离。

C.2   可燃物质的混合物

对于可燃物质的混合物，利用以下公式（公式略）可以通过混合物各组分的燃烧热计算总燃烧热，之后可根据本附录的前述章节计算蒸汽云爆炸距离。

限制性可燃物质的燃烧热值可参见本附录 C.3 表 C-1。

C.3   可燃物质数据

本指南正文给出了限制性可燃物质（regulated flammable substances）的计算方法，其中所用到的相关数据将在本附录 C 的表中给出。表 C-1 给出了全部限制性可燃物质的燃烧热数据，表 C-2、表 C-3 分别给出了可燃气体和可燃液体的其他相关数据。表 C-1 中的燃烧热数据，以及表 C-2 和表 C-3 中因子的计算参考数据，主要来自美国化学工程师学会物理性质数据设计院（Design Institute for Physical Property Data，DIPPR，American Institute of Chemical Engineers）的《纯化学品的物理及热力学性质汇编》（*Physical and Thermodynamic Properties of Pure Chemicals，Data Compilation*）。表 C-2 及表 C-3 中因子的推导过程参见附录 D。

表 C-1　可燃物质的燃烧热值

CAS 编号	化学名称	25℃时的物理状态	燃烧热/(kJ/kg)
75-07-0	乙醛	气态	25 072
74-86-2	乙炔	气态	48 222
598-73-2	溴代三氟代乙烯	气态	1 967
（以下略）			

表 C-2　可燃气体数据

CAS 编号	化学名称	分子量	比热容	可燃极限（体积百分比）下限（LFL）	上限（UFL）	可燃极限下限 LFL/(mg/L)	气体因子（GF）	液体因子（沸点）（LFB）	密度因子（沸点）（DF）	参考归类	池火因子（PFF）	闪燃因子（FFF）
75-07-0	乙醛	44.05	1.18	4.0	60.0	72	22	0.11	0.62	重物质	2.7	0.018
74-86-2	乙炔	26.04	1.23	2.5	80.0	27	17	0.12	0.78	轻物质	4.8	0.23 f
598-73-2	溴代三氟代乙烯	160.92	1.11	c	37.0	c	41 c	0.25 c	0.29 c	重物质	0.42 c	0.15 c
（以下略）												

注：c 为自燃物质。

表 C-3　可燃液体数据

CAS 编号	化学名称	分子量	可燃极限（体积百分比）下限（LFL）	上限（UFL）	可燃极限下限 LFL/(mg/L)	液体因子 室温（LFA）	液体因子 沸点（LFB）	密度因子（DF）	液体泄漏因子（LLF）	池火因子（PFF）
590-21-6	1-氯丙烯	76.53	4.5	16.0	140	0.11	0.15	0.52	45	3.2
60-29-7	乙醚	74.12	1.9	48.0	57	0.11	0.15	0.69	34	4.3
75-08-1	乙硫醇	62.14	2.8	18.0	71	0.10	0.13	0.58	40	3.3
（以下略）										

附录 D 技术背景

D.1 最差情景下的气体泄漏速率

D.1.1 无限制泄漏

该情形假设全部有毒气体在 10 min 内泄漏完毕，具体可参照美国 EPA《风险分析技术导则》（*EPA's Technical Guidance for Hazards Analysis*，1987）中所描述的情景。

D.1.2 建筑物内气体泄漏

建筑物内气体泄漏的减缓因子的确定依据了 S.R.Porter 发表的论文 "Risk Mitigation in Land Use Planning：Indoor Releases of Toxic Gases"。文章针对一幢 1 000 m^3 建筑物在 3 种不同空气交换速率情景中的气体泄漏减缓效应进行讨论。需要注意的是建筑物能否承受此情景中大量气体泄漏的压力。不过此论文的情景中，建筑物至少可以承受 2 000 lb/min 的气体泄漏速率。

该论文用多种分析方法表明，假设泄漏情景发生在建筑物内，55%的数值能够较好代表其减缓因子。该数值是通过建筑物内的最大泄漏速率及建筑物向外泄漏最大速率计算得到的。在较低的最大速率（3.36 kg/s）情景中，直接计算可知建筑物泄漏速率是建筑物内泄漏速率的 55%。在另一种最大泄漏速率（10.9 kg/min）情景中，考虑建筑物内泄漏累计时间，同样得出约 55%的数值。

建筑物空气流通速率的选取会影响最终结果。论文给出了 3 种不同空气流通速率下的减缓效应，分别对应 0.5 次/h、3 次/h、10 次/h 的换气次数。根据 Porter 的论文，0.5 次/h 换气次数的空气流通速率是代表专门设计的"气密型"建筑。EPA 认为，这种空气流通速率是适用于本研究的。在未损坏建设物情形下的气体泄漏，可以采用 55%的减缓因子。如果建筑物的空气流通速率更大，则该减缓因子可能被夸大。

对于氨、氯、二氧化物的泄漏，人们还建立了考虑化学物质、释放条件以及建筑通风速率的减缓因子估算方法。关于这些因子和减缓释放速率估算的相关信息，可参见 Backup Information for the Hazard Assessments in the RMP Offsite Consequence Analysis Guidance，the Guidance for Wastewater Treatment Facilities and the Guidance for Ammonia Refrigeration-Anhydrous Ammonia，Aqueous Ammonia，Chlorine and Sulfur Dioxide。也可参见关于氨制冷和污水处理厂的行业导则文件。

D.2　最差情形下的液体泄漏速率

D.2.1　挥发速率方程

估算液体从液池挥发速率的方程见附录 G 的 the Technical Guidance for Hazards Analysis。同样的假定也适用于最大液池面积［例如，液池深度被假定为 1 cm（0.033 ft）］。挥发速率方程已经进行了修订，该修订包括一个不同的水（作为参考化合物）传质系数。在本指南中，传质系数值选取了 0.67 cm/s，而不是 Technical Guidance for Hazards Analysis 上引用的 0.24 cm/s。0.67 基于 Donald MacKay 与 Ronald S. Matsugu 发表的论文 *"Evaporation Rates of Liquid Hydrocarbon Spills on Land and Water"*（Canadian Journal of Chemical Engineering，第 434 页，1973 年 8 月）。蒸发方程为

$$QR = \frac{0.284 \times U^{0.78} \times MW^{2/3} \times A \times VP}{82.05 \times T} \tag{D-1}$$

式中：QR——蒸发率，lb/min；

　　　U——风速，m/s；

　　　MW——分子量（见附录 B 表 B-1 和表 B-2，有毒物质；附录 C 表 C-2 和表 C-3，易燃物质）；

　　　A——全部混合物组成的液池表面积，m^2，详见本书 3.2.2；

　　　VP——蒸汽压，mmHg；

　　　T——释放物质的温度，开尔文（K）；摄氏温度加 273，如 25℃=298 K。

D.2.2　挥发速率估算因子

液体因子。液体因子包括环境温度液体因子（LFA）与沸点液体因子（LFB），过去常用来估算水池的蒸发率（见本书 3.2），推理过程详见附录 G 的 the Technical Guidance for Hazards Analysis，但有以下不同：

如前所述，水的传质系数假定为 0.67；考虑转换因子、水传质系数以及水分子量 1/3 次方的液体因子的值，在 the Technical Guidance for Hazards Analysis 中是 0.106，在本指南

中是 0.284。

在 the Technical Guidance for Hazards Analysis 中，假定所有物质的密度为水的密度；液体因子也包含密度。本指南中，参照表里的 LFA 和 LFB 给的数值没有包括密度；相反，指南中给出了单独的密度因子（DF）（后面会详细讨论）用于蒸发率估算。

经过修正，环境温度液体因子公式为

$$LFA = \frac{0.284 \times MW^{2/3} \times VP}{82.05 \times 298}$$ （D-2）

式中：MW——分子量；

VP——环境温度中的蒸汽压，mmHg；

298 K（25℃）——环境温度与释放物质温度。

$$LFB = \frac{0.284 \times MW^{2/3} \times 760}{82.05 \times BP}$$ （D-3）

式中：MW——分子量；

760——沸点时的蒸汽压，mmHg；

BP——沸点，K。

LFA 和 LFB 适用于有毒与易燃受控液体，当用于气体制冷液化分析时，也适用于有毒与易燃气体。

密度因子。因为规定液体的密度与水的密度不同，每种物质的密度都成为一个密度因子，用来测定最大水池面积的蒸发率。密度因子也用来估算环境温度下的有毒与易燃液体，以及处于各自沸点上的有毒与易燃气体。密度因子的公式为

$$DF = \frac{1}{d \times 0.033}$$ （D-4）

式中：DF——密度因子，$1/(lb/ft^2)$；

d——每立方英尺的物质密度；

0.033——最大面积的水池深度，ft。

温度校正因子。温度校正因子适用于在 25℃（LFA 的测定温度）以上释放的有毒液体。液体温度校正因子的确定基于蒸汽压，计算蒸汽压的系数依据由美国化学工程师协会的 DIPPR 主编的 Physical and Thermodynamic Properties of Pure Chemicals，Data Compilation。温度校正因子的计算公式如下：

$$TCF_T = \frac{VP_T \times 298}{VP_{298} \times T}$$ （D-5）

式中：TCF_T——温度 T 时温度校正因子；

VP_T——温度为 T 时蒸汽压；

VP$_{298}$——298 K 时的蒸汽压；

T——泄漏物质的温度，K。

该因子适用于 5～50℃。

尽管密度可以影响液池面积与泄漏速率的估算，但温度造成的受控有毒液体密度变化并不需要设置校正因子。温度对液体密度的影响分析表明：相对于温度引起的蒸汽压的变化，由温度引起的密度变化是非常小的。

D.2.3　一般水溶液和发烟硫酸

对于受控有毒物质中的水溶液的分析，与纯有毒液体的分析不同。除了相对来说极低浓度的溶液，其蒸发率还随着溶液浓度的变化而变化。在一种特定浓度下，液体合成物不会随着蒸发的出现而改变。对于挥发性物质的浓溶液来说，一个液池的蒸发率会在一些情况下快速下降，如当有毒物质挥发并且液池中的浓度下降时。为分析这些变化，美国 EPA 使用电子表格估算不同时间间距，液池中水溶液里规定有毒物质蒸发的蒸汽压、浓度和释放率。除了电子表格分析，还采用了带有额外阶跃函数特征的 ALOHA 模型（未在公开版本发表）。在阶跃函数特征的辅助下，释放率的变化可以结合，这些变化在结果距离上的影响可以进行分析。经过验证发现，电子表格与模型的测算结果基本吻合。距离结果从电子表格分析中获得，不同的溶液样本与不同时间均值下的结果进行比较，以此来验证结果的敏感性。对于不同浓度的大部分物质来说，10 min 的平均时间的实验结果支撑了阶跃函数模型的合理结果。电子表格分析也表明：蒸发的最初 10 min 是最重要的，最初 10 min 内的蒸发率很可能可以被用来估计到终结点的距离。

发烟硫酸是硫酸中三氧化硫的溶液。从发烟硫酸中挥发的三氧化硫呈现出类似于从水溶液中挥发的有毒物质的特征。因此，发烟硫酸释放的分析实验方法与水溶液的相同。

美国国家海洋和大气管理局发明了一种计算机测控的计算方法，以 *Perry's Chemical Engineers' Handbook* 提供的蒸汽压数据与其他数据来源为基础，以浓度系数的方式来估测局部蒸汽压与溶液中受控有毒物质的泄漏速率。使用这个方法与电子表格测算法，美国 EPA 估计了 10 min 内每 1 min 间隔下不同浓度溶液的蒸发率。每 1 min 间隔中，美国 EPA 估计了初始间隔时间段下的溶液挥发量，以及基于不同浓度上的局部蒸汽压。这些估计出的蒸汽压值被用来计算 10 min 内的平均蒸汽压；平均蒸汽压值被用来推算环境温度液体因子（LFA），如上述液体部分讨论。这些因子是为了蒸发速率计算中蒸发率随溶液挥发下降而设置的。

密度因子用来估计不同浓度的溶液，数据来自 *Perry's Chemical Engineers' Handbook* 以及其他文献，如上述液体部分讨论。

因为溶液没有确定的沸点，EPA 没有研究溶液的沸点液体因子（LFB）的值。作为一个简单而保守的方法，高温下溶液里的一种受控物质量被视为一种纯物质。纯物质的沸点液体因子、环境温度液体因子和温度校正因子，用来估测液体规定物质的初始蒸发率。至于溶液周围温度，只有最初蒸发的 10 min 被考虑，因为当物质挥发并且溶液浓度下降时，蒸发率会快速下降。这种方法很可能会过高估测蒸发率与后果距离。

D.2.4 建筑物内泄漏

如果一幢建筑物内部的一种液体泄漏，那么释放到外部空气的过程会在两方面减缓。一方面，建筑物内部的液体蒸发率远远低于建筑物外部。这是因为风速问题，它会直接影响蒸发率；另一方面，建筑物本身有阻碍污染气体排到室外的阻力。

用这种方法，假定建筑物内保守风速（U）为 0.1 m/s（风速的论证见文章末尾）。假定室外最坏情景下的泄漏速率为 1.5 m/s，另一种情况是 3 m/s。泄漏速率方程式为

$$QR = U^{0.78} \times (\text{LFA, LFB}) \times A \tag{D-6}$$

式中：QR——泄漏速率，lb/min；

U——风速，m/s；

LFA——环境温度液体因子；

LFB——沸点液体因子；

A——水池面积，ft^2。

可以看出，如果建筑物内部风速为 0.1 m/s 时，建筑物内部的蒸发率会远远低于外部（假定温度相同）。蒸发率是$(0.1/1.5)^{0.78}$，大概是最坏情景下蒸发率的 12%，另一种情况是 7%。

蒸发的液体与建筑物内空气混合，并对其进行污染。美国 EPA 真正感兴趣的是污染速率。为计算污染气体排放速率，美国 EPA 从英国健康与安全执行委员会的报告 "Risk Mitigation in Land Use Planning: Indoor Releases of Toxic Gases" 借鉴了一个方法。美国 EPA 假定液体水池全部蒸发完所用时间为 1 h。假定液体挥发时间段（基于报告）内的污染气体排放速率相当于蒸发率与建筑物空气流通率（建筑物内部无压力恢复）的总和。设定建筑物空气流通率为 0.5 次/h 换气次数，该空气流通率代表一种专门设计的"气密型"建筑（这种类型的建筑所承载的缓和物因子会加大对高空气流通率的缓和）。为进行分析，美国 EPA 采用空间为 1 000 m^3、底面积为 200 m^2 的一幢建筑物作为实验对象。美国 EPA 假定液池会覆盖全部的建筑物底面，以此作为保守假想场景。

为提供一个保守估测值，美国 EPA 在建筑物内部的环境条件下，计算了挥发性液体二氧化硫的蒸发率：

$$QR = 0.1^{0.78} \times 0.075 \times 2\,152 = 26.8 \text{ lb/min}$$

使用理想的气体定律（二氧化硫的分子量是 76.1），将蒸发率换算成 m^3/min：

$$26.8 \text{ lb/min} \times 454 \text{ g/lbs} \times 1 \text{ mole}/76.1 \text{ g} \times 0.022 \text{ 4 } m^3/\text{mole} = 3.58 \text{ } m^3/\text{min}$$

建筑物的空气流通率为每小时 0.5 次换气次数，也就是 $500 \text{ } m^3/h$，或 $8.33 \text{ } m^3/h$。因此，在蒸发过程中，污染气体以 8.33 + 3.58，或者 $11.9 \text{ } m^3/min$ 的速率离开建筑。

使用以上参数，美国 EPA 采取迭代计算法计算了二氧化硫离开建筑物的速率。在蒸发的第一个 1 min 内，蒸发了 26.8 lb 的二氧化硫，美国 EPA 假定它是均匀地从建筑物挥发，那么在建筑物空气中二氧化硫的浓度就是 $0.026 \text{ 8 lb}/m^3$（假定建筑物为 $1\,000 \text{ } m^3$）。污染气体以 $11.9 \text{ } m^3/min$ 的速率离开建筑物，所以环保局推论：在第一个 1 min 内，有 $11.9 \times 0.026 \text{ 8} = 0.319$ lb 的二氧化硫离开建筑物，剩余的 26.5 lb 散于建筑物内部空气中。既然释放是在第一个 1 min 内发生的，那么二氧化硫排到外部的释放速率就是 0.319 lb/min。在第二个 1 min 内，又有 26.8 lb 的二氧化硫挥发并分散，所以现在建筑物包含 26.8 + 26.5 = 53.3 lb 的二氧化硫，或是 $0.053 \text{ 3 lb}/m^3$。污染气体仍旧以 $11.9 \text{ } m^3/min$ 的气体离开建筑，所以 $11.9 \times 0.053 \text{ 28} = 0.634$ lb 的二氧化硫释放，内部留下 52.6 lb。依此类推，每分钟内，释放都会发生，所以二氧化硫的挥发速率是 0.634 lb/min。美国 EPA 又进行了 1 h 的测算，结论是 13.7 lb/min，这代表了二氧化硫离开建筑物的最大挥发速率。在所有的二氧化硫挥发掉后，挥发的污染气体中二氧化硫的浓度会有所下降，因为二氧化硫的挥发不再有利于所有的污染气体。

注意：如果室外二氧化硫聚集后，最坏情况下的释放率为

$$QR = 1.5^{0.78} \times 0.075 \times 2\,152 = 221 \text{ lb/min}$$

另一种情况是

$$QR = 3^{0.78} \times 0.075 \times 2\,152 = 380 \text{ lb/min}$$

假定一幢 $1\,000 \text{ } m^3$ 的建筑物为 0.5 次/h 的建筑兑换率，建筑物污染气体中二氧化硫的最大释放速率为最坏情况下速率的 6%（13.7 ÷ 221 lb/min × 100），是另一种假定情形速率的 3.6%（13.7 ÷ 380 lb/min × 100）。为保守起见，美国 EPA 设定所有建筑物的缓和因子分别为 10% 和 5%。请注意（固定通风率为 0.5 次/h），随着建筑物体积增大，污染气体离开建筑物的最大速率就会增加，尽管因为建筑容积与通风率的平衡效应，增加幅度只有很小。显然，更大的通风率会产出更大的污染气体最大释放率。

至于建筑物内部气体的释放，美国 EPA 假定建筑物内气流速度为 0.1 m/s。这个保守值是建立在 $1.0 \text{ } m^2$ 的通风设备的基础上。通风设备以 0.5 次/h 的通风率来交换建筑物内部与外部的气流。对一幢 $1\,000 \text{ } m^3$ 的建筑物来说，通风率是 $500 \text{ } m^3/h$，或者 $0.14 \text{ } m^3/s$。根据通风设备的占地面积，将通风率 $0.14 \text{ } m^3/s$ 换算成 0.14 m/s，约为 0.1 m/s。

D.3　毒性终点

在 RMP 规则中，规定有毒物质的毒性终点成效在附录 B 中的表 B-1、表 B-2 和表 B-3。终点值的选择按照以下参考文献进行优先级排序：

（1）应急反应计划导引 2（ERPG-2）由美国工业卫生协会发起；

（2）关切水平（LOC），来自应急计划与社区知道法案（EPCRA）的 302 节的极端危险物质（EHSs）信息（更多 LOC 的信息见 the Technical Guidance for Hazards Analysis）。EHSs 的关切水平基于：

——在 1994 年前，美国国家职业安全与卫生研究院（NIOSH）设定生命与健康的危险极限（IDLH）为 1/10，除非没有可用的 IDLH 值。

——1/10 的 IDLH 估算值源自毒性数据；对 IDLH 的估算在附录 D 的 the Technical Guidance for Hazards Analysis 中有所描述。

注意，使用 1994 年发布的 IDLH 值，LOCs 值没有更新，之后，因为 NIOSH 修订了 IDLHs 的方法论。美国 EPA 的科学顾问委员会再次检查了基于 IDLHs 基础上的 EHS LOCs，决定保留论证过的方法。

ERPG-2 的定义是空气传播浓度的最大限度。所有个体，在没有经历不可逆转或其他严重的能够削弱个体免疫力的病症时，能够在这个限度内暴露 1 h。

IDLH（pre-1994）浓度在美国国家职业安全与卫生研究院的报告 "Pocket Guide to Chemical Hazards" 中有明确规定，它是浓度最大限度，在一个人没有戴防毒面具时，在没有逃脱障碍（如严重的眼睛刺激）或者不可抗拒的健康问题的情况下，一个人可以 30 min 内脱离险境（如上所述，极端危险物质的关切水平并没有修正到 1994 年以及之后的生命与健康的危险极限）。

估测的 IDLH 源自动物的毒性数据，按照优先数据排列，如下：

来自半数致死浓度（LC_{50}）（吸入药剂）：$0.1 \times LC_{50}$

来自最低致死浓度（LC_{LO}）（吸入药剂）：$1 \times LC_{LO}$

来自半数致死量（LD_{50}）（口服）：$0.01 \times LD_{50}$

来自最低致死量（LD_{LO}）（口服）：$0.1 \times LD_{LO}$

基于生命与健康的危险极限的关切水平，毒性终点呈现在附录 B 的表中，在某些情况下，它不同于 the Technical Guidance for Hazards Analysis 中呈现的关切水平，因为一些关切水平是在极端危险物质的基础上得出的，这些极端危险物质在关切水平的理论发展（1994 年之前）之后或新的修改过的毒性数据提出后才发表出来。

D.4 毒性终点及爆炸超压终点距离参考表

D.4.1 中性轻气体

有毒物质。中性轻气体以及蒸汽的毒性终点距离参照表源自高斯模型，它运用 Beals[1] 的纵向离差系数。原因在以下论述中提到。

纵向离差（顺风向的离差）大部分由风的垂直切变产生。风切变产自风速趋势，呈现出一个风速轮廓线——风速靠近地面时是最低的，随着离地高度而增加，直到它在离地大约几百米的高度时达到一个渐近值。为解释切变动力离差，任何旨在模仿短时释放的气体离差模型必须包括一个构想：无论含蓄还是明确地表达，都得解释风速与离地高度的关系或可以将切变影响转化为 σ_x 的参数化类型，以及顺风向上的标准离差功能。

因为标准高斯公式没有包含 σ_x（只包括 σ_y 和 σ_z，即侧风和平行风向函数），很少有替代公式可以明确表示提出的 σ_x。最简单的方法是由 Turner[2] 提出的，他建议仅仅使 σ_x 等于 σ_y 即可。Pasquill 和 Smith[3] 撰写的教科书描绘了一个著名的解析模型。然而，这个模型要比高斯模型复杂得多，因为在这个模型中，离差与风切变和垂直扩散系数的垂直变化有关联。Wilson[4] 提出了另一个关于 σ_x 的模型，是一个风切变函数，但是与高斯模型运算方法差不多。然而，现在公认的是，Wilson 构想给出的 σ_x 值过大。

为规避解析方法与 Wilson 构想的问题，我们选择 Beals 著作（1971）中的 σ_x 方程式。原因如下：第一，从数值大小角度，Beals σ_x 构想在我们回顾的几个构想中位居中列。第二，Beals σ_x 构想直接利用（未发表的）实验数据解释了风切变。第三，ALOHA 和 DEGADIS 模型都包含了 Beals 的方法论。

当一种物质在下风向分散，气体浓度在这段时间内会改变。为评定物质的潜在照射健康影响，在一段时间内物质的平均浓度是确定的。平均时间是指蒸汽云中危险物质的瞬间浓度上的时间间隔是平均的。平均时间大致等于或者小于释放持续时间或者云层持续时间，如果可能的话，它应该反映与兴趣毒物暴露指导方针有关的暴露时间。暴露时间与 RMP 规则规定的毒性终点有关，包括 30 min 的对生命与健康有危险的极限水平（IDLH）和 60 min 的应急反应机制方针（ERPG）。至于中性轻气体表，10 min 的释放场景中平均

[1] Guide to Local Diffusion of Air Pollutants, Technical Report 214. Scott Air Force Base, Illinois: U.S. Air Force, Air Weather Service, 1971.
[2] Workbook of Atmospheric Dispersion Estimates, Report PB-191 482. Research Triangle Park, North Carolina: Office of Air Programs, U.S. Environmental Protection Agency, 1970.
[3] *Atmospheric Diffusion*, 3rd ed. New York: Halstead Press, 1983.
[4] Along-wind Diffusion of Source Transients, Atmospheric Environment, 1981 (15): 489-495.

时间为 10 min。60 min 的释放场景平均时间为 30 min，与 IDLH 一致。

60 min 的平均时间不能预估结果距离，因此不用来作为这个距离参照表的参照。

云扩散源自有限持续时间（10 min 和 60 min 的释放时间）的释放，它通过 NOAA 在 ALOHATM 5.0 Theoretical Description 公布的方程式计算出来。

易燃物品。中性轻污染物质的蒸汽云爆炸距离参照表与毒性物质使用的模型相同，如上所述。模型终点低于自燃极限（LFL）。对于易燃物质来说，0.1 min（6 s）的平均时间是适用的，因为爆炸几乎是瞬间事件。

可燃物质的预测距离通常低于毒性物质的预测距离，因为往往燃烧下限远远高于毒性终点。观察短距离内的易燃物质模型，发现结果同样是 10 min 并且释放时间更长。因此，对于易燃物质来说，一张农村环境的距离表与一张城市环境的距离表同样是 10 min 并且释放时间更长。

D.4.2　重气体

有毒物质。重气体参照表广泛采纳 SLAB 模型，它由 Lawrence Livermore National Laboratory 提出。SLAB 运算出关于质量、动量、能量以及连续、有限、瞬间释放种类的守恒方程。参照表采用水池蒸发运算法则。

参照表以氯化氢（HCl）释放模型为基准。氯化氢通过 slab 建模分析选择出来，建模分析的是一些不同分子量的规定重气体或蒸汽的分散释放性能。这个分析表明，在各种恒定性/风速组合，释放率、毒性终点的影响下，HCl 的释放是保守的。

类似于中性浮射流建模，10 min 的有毒化学品的释放模拟平均时间是 10 min。60 min 的释放场景平均时间是 30 min，与 IDLH 的暴露时间一致。

所有的重气体参照变中，假定风速参照高度都是 10 m。相对湿度是 50%，环境温度是 25℃。源区最小值仍旧能够促使模型达到所全部释放率。表面粗糙度因子为农村场景中 1 m，城市场景中 3 m。

易燃物质。易燃重气体与蒸汽分散参照表，蒸汽云爆炸分析，同样适用于有毒物质，如上所述，得到同样的结论。可燃化学品分散的平均时间很少（如仅仅几秒），因为可燃蒸汽只需要短时间内暴露在点火源就会燃烧。因此，可燃物质 10 min 与 60 min 的参照表使用的平均时间都是 10 s。两个参照时表互相联系，因为建模结果是相同的。

D.4.3　化学专用参考表

美国 EPA 采用氨、氯、二氧化硫的化学专用距离参照表，制定氨制冷与污水处理厂的危机处理方案指导。关于化学专用建模的信息与化学专用参照表的发展，见于 Backup Information for the Hazard Assessments in the RMP Offsite Consequence Analysis Guidance， the Guidance for Wastewater Treatment Facilities and the Guidance for Ammonia Refrigeration-Anhydrous Ammonia, Aqueous Ammonia, Chlorine and Sulfur Dioxide。也见于氨制冷与污水处理厂的工业专用指导文件。

氢氧化铵建模也应用于氨的释放，如同浮射流在其他情况下的运用一样。源自这个建模的距离表会运用于水溶液中氨的挥发，氨挥发的液化制冷，或者船舶上蒸汽空间的氨释放，因为氨与浮射流性质一样（在某些情况下同样是轻气体）。

D.4.4 扩散距离参考表的选择

气体。附录 B 中的表 B-1 表明，中性轻气体与重气体的参照表同样适用于每一种规定毒性物质。附录 C 中的表 C-2，提供了易燃气体的信息。参照表选择了气体规定物质的分子量；然而，同等分子量或性质同于重气体而少于分子量的气体也需要建立一个合适的参照表。压力下的液化气体以蒸汽和液滴混合物的形式蒸发；因为液体一旦释放为蒸汽，这个气体就会轻于空气，在释放过程中表现出重气体的特性。聚合或形成氢键的气体也会与重气体的性质相同。

液体与溶液。附录 B 中的表 B-2 与表 B-3，附录 C 中的表 C-3，表明距离参照表同样适用于每一种规定气体。本指南中，液体与溶液的结果分析方法论都是假定水池蒸发场景。CAA 节 112（r）规定的液体分子量都高于空气分子量。因此，液体挥发的蒸汽会重于空气。然而，因为水池挥发的蒸汽会与空气混合，所以最初的蒸汽密度不能够判断水池蒸发的蒸汽是属于重气体还是中性轻气体。如果水池挥发率相对偏低，那么即使蒸汽重于空气，产生的蒸汽与空气混合物也可能是中性轻气体，因为混合物中可能包含相对来说一少部分的密度高于空气的蒸汽；例如，它可能主要是空气。这可能对一些相对低挥发率的毒性气体来说是例外的。所有的规定易燃物质都有相对高的挥发率；重气体参照表也适合分析这些易燃液体的挥发。

为验证分子量高于空气的毒性物质与液池中挥发的中性轻气体性质相同，美国 EPA 使用 ALOHA 模型测试了物质从液池挥发的分子量和蒸汽压力。在最坏情况下，模型的稳定性为 F，风速为 1.5 m/s，另一种情况，风速为 3 m/s。假定液池扩散到 1 cm 深。另一个模型旨在比较不同的液池面积与深度。ALOHA 测试了中性轻气体的分子量与蒸汽压力的关系，参照表见附录 B 中的表 B-2（液体）与表 B-3（溶液）。中性轻气体参照表得出了关于环境条件下液体水池挥发的合理结论。然而在高温下，挥发率更高，参考重气体参照表。

中性轻气体参照表中最坏情况下的液体挥发率，在大多数情况下与环境条件下液池中性轻蒸汽挥发率吻合，但是有时也与重气体相同。其他不包括在最坏情况中性轻气体参照表中的液体，也会有时候释放中性轻蒸汽（例如，体积较小的液池，温度不高于 25℃）。同理，在另一种假想情形下，中性轻气体的液体挥发率与中性轻蒸汽吻合。然而，有时也与重气体吻合，或者一些其他液体在蒸发时表现出与中性轻气体一样的特性。参照表为表 B-2，旨在反映物质的明显特性；参照表没有预测所列物质全部蒸发场景下的特性。

D.4.5 其他对照模型

模型采用两种最坏情况的样本与两种随机样本，使用两组模型进行对照，对照结果见本指南中的方法与距离参照表。模型如下所述。

有害气体区域定位软件模型。有害气体区域定位软件（ALOHA）系统由美国国家海洋和大气管理局、美国 EPA 共同研发。ALOHA5.2.1 版本使用对照模型。建模参数与本指南中最坏情况和随机情况取样相同。ALOHA 化学数据库包括物质建模，所以化学数据没有进入物质建模。为保持与距离参照表的一致，ALOHA 建模选取 10 m 高的风速。

ALOHA 选择直接物质来源模型，并采取了本指南估测释放率的方法论。ALOHA 选择重气体模型估测所有情况下的终点距离。

世界银行风险评估模型（WHAZAN）。世界银行风险评估系统由国际专业团队与世界银行共同打造。1988 版本的 WHAZAN 用于对照模型。大气稳定度、风速、环境温度和湿度的参数与本指南一致。对于表面粗糙度，WHAZAN 要求有"粗糙度参数"的条目，而不是高度参数。WHAZAN 理论手册对此参数进行了研究，0.07 粗糙度参数（相当于仅有几棵树的平原）等于代表农村地形的 3 cm 表面粗糙度，这个参数用于本指南的距离参照表中。0.17 粗糙度参数（如森林、农村地区、工业场地）相当于 1 m，这个参数用于农村距离参照表中。丙烯腈与丙烯醇的数据加入了 WHAZAN 的化学数据库；环氧乙烷和氯也在数据库内。

对于环氧乙烯气体、氯气体和丙烯腈液体，WHAZAN 建立了重云层扩散模型进行研究。烯丙醇的随机样本释放研究，与本指南中浮射流扩散模型运用的方法一样。本指南方法估测到的释放率与 WHAZAN 模型估算的释放率相吻合。

WHAZAN 重云层扩散需要输入"容积稀释因子"。对因子没有解释；假定它是为了解释空气释放时受压气体的稀释情况。至于空气模型，默认稀释因子为 60；丙烯腈的稀释因子为 0，容积稀释因子对距离结果没有影响。

D.5　可燃物质最坏情形后果分析

附录 C 中有最坏情况下易燃物质蒸汽云爆炸分析方程式。这个方程式运用了英国健康与安全执行委员会的 TNT 等价方法，发表在美国化学工程师协会（AIChE）的出版物 *the Center for Chemical Process Safety* 上，题名为 Guidelines for Evaluating the Characteristics of Vapor Cloud Explosions，Flash Fires，and BLEVEs（1994）。最坏情形的结论是释放物质的总量都在云的易燃部分中。AIChE 报告中指出，这个结论已经是一个预测蒸汽云爆炸的参数；并将它假定为最坏情形分析的保守结论。AIChE 报告也得出结论，最坏情形下有 10% 输出因子。根据 AIChE 报告，蒸汽云爆炸的 TNT 等价值在 1%～10% 浮动；大部分重要的蒸汽云爆炸的 TNT 等价值波动范围均在 1%～10%。

蒸汽云爆炸终点为 1 psi，能够打碎玻璃窗或者引起房屋局部破坏，还有炸飞的玻璃碎片造成的皮肤裂伤。后果分析中的终点分析可以预估爆炸引发的财产损失对人类的潜在性严重伤害。

由于 TNT 等价模型的简便与广泛实用，它是后果分析的基础。模型没有考虑特定场地因子和许多影响蒸汽云爆炸结果的特定化学因子。蒸汽云爆炸建模也可以采用其他方法，见附录 A 关于一些发表物的目录。

D.6　气体其他情形分析

气体排出率方程式发表在联邦应急管理局（FEMA），美国运输部和美国 EPA 联合主办的刊物 *Handbook of Chemical Hazard Analysis Procedures* 上，还有美国 EPA 的 *Workbook of Screening Techniques for Assessing Impacts of Toxic Air Pollutants* 上。水槽排泄口的气体释放率估算方程借鉴气体排出率方程。无阻力水流情况下，瞬间排除率方程式为：

$$m = C_d A_h \sqrt{2 p_0 \rho_0 \left(\frac{\gamma}{\gamma - 1} \right) \left[\left(\frac{p_1}{p_0} \right)^{\frac{2}{\gamma}} - \left(\frac{p_1}{p_0} \right)^{\frac{\gamma+1}{\gamma}} \right]} \tag{D-7}$$

式中：m——排除率，kg/s；

C_d——流量系数；

A_h——排放口面积，m^2；

γ——比热容；

p_0——水槽压力，Pa；

p_1——环境压力，Pa；

ρ_0——密度，kg/m^3。

在无阻力水流压力情形（最大水流速率）下，公式为：

$$m = C_d A_h \sqrt{\gamma p_0 \rho_0 \left(\frac{2}{\gamma + 1} \right)^{\frac{\gamma+1}{\gamma-1}}} \tag{D-8}$$

公式与本指南中的气体因子，在理想气体定律的基础上，密度（ρ）写为压力与分子量的函数：

$$\rho = \frac{p_0 \text{MW}}{RT_t} \tag{D-9}$$

式中：MW——分子量，km/kmol；

    R——气体常数，8 314 J/（K·mol）；

    T_t——水槽温度，K。

无阻力水流公式改写为：

$$m = C_d A_h p_0 \frac{1}{\sqrt{T_t}} \sqrt{\gamma \left(\frac{2}{\gamma+1}\right)^{\frac{\gamma+1}{\gamma-1}}} \sqrt{\frac{\text{MW}}{8\,314}} \tag{D-10}$$

推导公式时，将所有的专有化学属性、常数、合理转换系数与"气体因子"（GF）相关联。流量系数值参考美国 EPA 发表在 *Workbook of Screening Techniques for Assessing Impacts of Toxic Air Pollutants* 上的筛分值。GF 推导如下：

$$\text{GF} = 132.2 \times 6\,895 \times 6.451\,6 \times 10^{-4} \times 0.8 \sqrt{\gamma \left(\frac{2}{\gamma+1}\right)^{\frac{\gamma+1}{\gamma-1}}} \sqrt{\frac{\text{MW}}{8\,314}} \tag{D-11}$$

式中：132.2——转换系数，从 lb/min 到 kg/s；

    6 895——转换系数，从 psi 到 Pa（p_0）；

    $6.451\,6 \times 10^{-4}$——转换系数，从 ft^2 到 m^2（Ah）。

GF 值适用于 CAA 部分 112（r）下所有规定气体的计算，见附录 B 中表 B-1 的毒性气体，以及附录 C 中表 C-2 的易燃气体部分。

根据以上无阻力水流方程式以及 GF 方程式，水槽排出口气体最初释放率方程式可以写为

$$\text{QR} = \text{HA} \times P_t \times \frac{1}{\sqrt{T_t}} \times \text{GF} \tag{D-12}$$

式中：QR——释放率，lb/min；

    HA——排出口面积，in^2；

    P_t——水槽压力，Pa；

    T_t——水槽温度，K。

D.7 液体其他情形分析

D.7.1 容器孔洞泄漏

水槽排出口液体释放率估算方程式是根据液体释放率方程式写的，液体释放率方程式发表在联邦应急管理局上，美国运输部和美国 EPA 共同发表的 *the Handbook of Chemical Hazard Analysis Procedures* 以及美国 EPA 发表的 *Workbook of Screening Techniques for Assessing Impacts of Toxic Air Pollutants* 刊物上。

$$m = A_h C_d \sqrt{\rho_1 \left[2g\rho_1 \left(H_L - H_h \right) + 2 \left(P_0 - P_a \right) \right]} \tag{D-13}$$

式中：m——排出率，km/s；

A_h——排出口面积，in^2；

C_d——排除系数；

g——重力加速度常数，$9.8 \ m/s^2$；

ρ_1——液体密度，km/m^3；

P_0——贮存压力，Pa；

P_a——环境压力，Pa；

H_L——高于容器底面的高度，m；

H_h——排出口高度，m。

这个方程式同样适用于附录 B 中的数据和压力下的液化气体。方程式采用下列转换系数、平衡蒸汽压以及附录 B 中的水槽压力值。式（D-13）如下：

$$QR = 132.2 \times 6.451\,6 \times 10^{-4} \times 0.8 \times$$
$$HA\sqrt{16.018 \times d \times \left[2 \times 9.8 \times 16.018 \times d \times LH \times 0.025\,4 + 2P_g \times 6\,895 \right]} \tag{D-14}$$

式中：QR——释放率，lb/min；

HA——排出口面积，ft^2；

132.2——转换系数，从 km/s 到 lb/min；

$6.451\,6 \times 10^{-4}$——转换系数，从 in^2 到 m^2，HA；

0.8——流量系数，0.8；

d——液体密度，lb/ft^3，可由密度因子导出 $1/(DF \times 0.033)$；

16.018——环境压力，Pa；

9.8——高于容器底面的高度，m；

LH——排出口高度，m；

0.025 4——排出口高度，m；

P_g——排出口高度，m；

6 895——排出口高度，m。

结合转换系数与密度因子（DF），方程为：

$$QR = HA \times 6.82 \sqrt{\frac{0.7}{DF^2} \times LH + \frac{669}{DF} \times P_g} \qquad (D\text{-}15)$$

环境压力下的贮存液体，式（D-16）为：

$$m = A_h C_d \rho_1 \sqrt{2g(H_L - H_h)} \qquad (D\text{-}16)$$

为推导环境压力下液体方程式，所有的专用化学物质属性、常数和转换系数与"液体泄漏因子"（LLF）相结合。假定流量系数值为 0.8，基于美国 EPA 报告 *the Workbook of Screening Techniques for Assessing Impacts of Toxic Air Pollutants* 推荐的筛分值。LLF 推导过程如下：

$$LLF = 132.2 \times 6.451\,6 \times 10^{-4} \times 0.159\,4 \times 0.8 \times \sqrt{2 \times 9.8} \times \rho_1 \qquad (D\text{-}17)$$

式中：LLF——液体泄漏因子，lb/min-in 2.5；

132.2——转换系数，从 km/s 到 lb/min，m；

6.451 6×10^{-4}——转换系数，从 in^2 到 m^2，HA；

0.159 4——转换系数，从（$H_L - H_h$）的英寸平方根到米平方根；

0.8——流量系数，0.8；

9.8——重力加速度常数，m/s^2；

ρ_1——液体密度，km/m^3。

LLF 值可以计算所有 CAA 部分 112（r）规定液体并且列于附录 B 中表 B-2 毒性液体，附录 C 中的表 C-3 易燃液体。

根据环境压力下水槽排出口液体释放率方程式和 LLF 值方程式，大气压力下水槽液体初始释放率方程式为：

$$QR_L = HA \times \sqrt{LH} \times LLF \qquad (D\text{-}18)$$

式中：QR_L——液体释放率，lb/min；

HA——排出口面积，in^2；

LH——高于排出口的液体高度，in。

D.7.2 管道泄漏

测算管道液体释放率的方程式叫作伯努利方程式。它假定液体密度是常数并且没有壁面摩擦引发的速度流失。方程式如下：

$$\frac{(P_a - P_b)}{D} + \frac{g(Z_a - Z_b)}{g_c} = \frac{(V_b^2 - V_a^2)}{2g_c} \tag{D-19}$$

式中：P_a——管道入口压力，Pa；

P_b——管道出口压力，Pa；

Z_a——高于管道入口基准面的高度，m；

Z_b——高于管道出口基准面的高度，m；

g——重力加速度，9.8 m/s²；

g_c——牛顿定律比例因子，1.0；

V_a——运行速度，m/s；

V_b——释放速率，m/s；

D——液体密度，km/m³。

V_b可以表示为：

$$V_b = \sqrt{\frac{2g_c(P_a - P_b)}{D} + 2g(Z_a - Z_b) + V_a^2} \tag{D-20}$$

为推导本指南方程式，英制单位转换系数和常数如下：

$$V_b = 197\sqrt{\frac{2 \times 6\,895 \times (P_T - 14.7) \times DF \times 0.033}{16.08} + 2 \times 9.8 \times 0.304\,8 \times (Z_a - Z_b) + 0.005\,08^2 \times V_a^2} \tag{D-21}$$

式中：V_b——释放速度，ft/min；

197——转换系数，从 m/s 到 ft/min；

6 895——转换系数，从 psi 到 Pa；

P_T——管道压力总量，psi；

14.7——大气压力，psi；

16.08——转换系数，从 lb/ft³ 到 km/m³；

DF——密度系数 [1/（0.033 DF）= 1 lb/ft³ 的密度]；

9.8——重力加速度，m/s²；

0.304 8——转换系数，ft 到 m；

$Z_a - Z_b$——管道入口到出口高度改变，ft；

0.005 08——转换系数，从 ft/min 到 m/s；

V_a——运行速度，in/min。

D.8　蒸汽云火

易燃物质（GF 和 LLF）水槽泄漏因子方程式由毒性物质（如上）方程式推导出来。

易燃物质蒸汽云火影响终点距离低于自燃极限（LFL）。LFL 是 RMP 准则下易燃物质释放终点之一。LFL 提供了一个合理而不过于保守的蒸汽云火合理限度的估算。

D.9　池火

运用 AIChE 报告 Guidelines for Evaluating the Characteristics of Vapor Cloud Explosions，Flash Fires and BLEVEs，以及荷兰 TNO 报告 Methods for the Determination of Possible Damage to People and Objects Resulting from Releases of Hazardous Materials（1992）公布的方程式，估算了能引起 40 s 内二度烧伤的池火热辐射距离因子。AIChE 和 TNO 报告提出了点源模型，假定一个选定样本的燃烧热度以放射物形式向四周散发。从点源地到目的地的距离，单位面积上的辐射量为：

$$q = \frac{fmH_c\tau_a}{4\pi x^2} \tag{D-22}$$

式中：q——受体在单位面积上所接受的辐射量，W/m^2；

　　　m——燃烧率，km/s；

　　　τ_a——大气透射率；

　　　H_c——燃烧热度，J/km；

　　　f——部分辐射热度；

　　　x——点源距受体距离，m。

部分燃烧热量的热辐射（上述方程式中的 f）范围为 0.1～0.4。为估算池火距离因子，假定这部分的所有规定易燃物质为 0.4。假定辐射水平热度（q）为 5 kW/m²。这个水平可以引发 40 s 内二度烧伤。RMP 规则中，易燃物质释放终点之一是 40 s 内 5 kW/m²。假定人们能够在 40 s 内避免辐射。假定大气透射率（τ_a）为 1。

如果易燃物质的沸点高于环境温度，那么池火燃烧率可以运用下面的实证公式估算

$$m = \frac{0.001\,0H_cA}{H_v + C_p(T_b - T_a)} \tag{D-23}$$

式中：m——燃烧率，km/s；

H_c——燃烧热，J/kg；

H_v——蒸发热，J/km；

C_p——液体热能，J/km；

A——液池面积，m^2；

T_b——沸点温度，K；

T_a——环境温度，K；

0.001 0——常数。

结合式（D-22）和式（D-23）得出以下方程式，假定辐射水平热度为 5 000 W/m^2，假定液池物质沸点高于环境温度：

$$x = H_c \sqrt{0.4 \times \frac{0.001\,0A}{\dfrac{H_v + C_p\left(T_b - T_a\right)}{4\pi q}}} \qquad\text{（D-24）}$$

或

$$x = H_c \sqrt{\frac{0.000\,1A}{5\,000\pi\left[H_v + C_p\left(T_b - T_a\right)\right]}} \qquad\text{（D-25）}$$

式中：x——点源到受体的距离，m；

q——受体在单位面积内接受的辐射，5 000 W/m^2；

H_c——燃烧热度，J/km；

f——部分燃烧辐射热度，0.4；

H_v——蒸发热，J/km；

C_p——液体热能，J/km；

A——液池面积，m^2；

T_b——沸点温度，K；

T_a——环境温度，K；

0.001 0——常数。

假定池火中易燃物质沸点低于环境温度（如液化气体），那么燃烧率可用 TNO 报告中的方程式估算：

$$m = \frac{0.001\,0H_c A}{H_v} \qquad\text{（D-26）}$$

式中：m——燃烧率，km/s；

H_v——蒸发热，J/km；

H_c——燃烧热，J/kg；

A——液池面积，m^2；

0.001 0——常数。

5 000 W/m^2 热量的距离方程式为：

$$x = H_c \sqrt{\frac{0.000\,1A}{5\,000\pi H_v}} \tag{D-27}$$

式中：x——点源到受体的距离，m；

5 000——受体所接受的单位面积内的辐射量，W/m^2；

H_c——燃烧热，J/kg；

H_v——蒸发热，J/km；

A——液池面积，m^2；

0.001 0——常数。

池火因子（PFF）运用于每种规定易燃液体与气体（液化制冷气体）的运算中，可以估算导致二度烧伤的辐射热度水平。而池火衍生因子，环境温度被假定为 298 K（25℃）。其他因子上述已经讨论。沸点高于环境温度时，液体 PFF 按照如下推导：

$$PFF = H_c \sqrt{\frac{0.000\,1}{5\,000\pi \left[H_v + C_p\left(T_b - 298\right)\right]}} \tag{D-28}$$

式中：5 000——受体所接受的单位面积内的辐射量，W/m^2；

H_c——燃烧热，J/kg；

H_v——蒸发热，J/kg；

C_p——液体热容，J/kg；

T_b——沸点温度，K；

298——假定环境温度，K；

0.001 0——衍生常数，详见上文。

若液体沸点低于环境温度，PFF 推导如下：

$$PFF = H_c \sqrt{\frac{0.000\,1}{5\,000\pi H_v}} \tag{D-29}$$

式中：5 000——受体所接受的单位面积内的辐射量，W/m^2；

H_c——燃烧热，J/kg；

H_v——蒸发热，J/kg；

0.001 0——衍生常数，详见上文。

如文中讨论，人们潜在遭受二度烧伤的距离也可以通过 PFF 乘以液池面积（ft^2）平方根的公式来测算。

D.10　沸腾液体扩散蒸气爆炸

参照表 30 的 BLEVEs 距离，参考了 AIChE 报告 Guidelines for Evaluating the Characteristics of Vapor Cloud Explosions，Flash Fires，and BLEVEs。火球的 Hymes 点源模型运用了以下受体接受辐射的方程式：

$$q = \frac{2.2\tau_a R H_c m_f^{0.67}}{4\pi L^2} \tag{D-30}$$

式中：q——受体接受的辐射，W/m^2；

　　　m_f——火球中燃料，kg；

　　　τ_a——大气辐射率；

　　　H_c——燃烧热，J/km；

　　　R——燃烧热度辐射部分；

　　　L——火球中心到受体距离，m；

　　　π——3.14。

Hymes（由 AIChE 提出）模型的 R 值如下：

$R=0.3$ 低于安全阀压力的容器爆炸；

$R=0.4$ 等于或者高于安全阀压力的容器爆炸。

根据参考表 30，有如下保守假设：$R=0.4$；$\tau_a=1$。

受体接受的辐射影响与辐射强度、接受持续时间有关。在 BLEVEs 距离参照表中，假定接受时间为火球持续的时间。AIChE 报告提出了火球持续时间的计算公式：

$$t_c = 0.45 m_f^{1/3} \, (m_f < 30\,000 \text{ kg}) \tag{D-31}$$

$$t_c = 2.6 m_f^{1/6} \, (m_f > 30\,000 \text{ kg}) \tag{D-32}$$

式中：m_f——燃料质量，kg；

　　　t_c——燃烧时长，s。

根据相关资料（如 Eisenberg，et al.，Vulnerability Model，A Simulation System for Assessing Damage Resulting from Marine Spills；Mudan，Thermal Radiation Hazards from Hydrocarbon Pool Fires（citing K. Buettner）），热辐射影响在辐射时间内根据辐射强度不同而分为 4：3 的比例。因此，热暴露量按照以下公式计算：

$$\text{Dose} = t \times q^{4/3} \tag{D-33}$$

式中：t——暴露时间，s；

q——辐射强度，W/m^2。

计算引发二度烧伤的热暴露量时，假定辐射时间为 40 s，辐射强度为 5 000 W/m^2、相对的计量值为 3 420 000（W/m^2）$^{4/3}$ s。

计算能够引发二度烧伤的火球距受体距离时，上述的热计量值公式可以用火球接受的热辐射公式代替：

$$q = \left(\frac{3\,420\,000}{t} \right)^{\frac{3}{4}} \qquad \text{（D-34）}$$

$$\left(\frac{3\,420\,000}{t} \right)^{\frac{3}{4}} = \frac{2.2\tau_a R H_c m_f^{0.67}}{4\pi L^2} \qquad \text{（D-35）}$$

$$L = \sqrt{ \frac{2.2\tau_a R H_c m_f^{0.67}}{4\pi \left(\dfrac{3\,420\,000}{t} \right)^{3/4}} } \qquad \text{（D-36）}$$

式中：L——火球中心到受体距离，m；

　　　q——受体接受的热辐射，W/m^2；

　　　m_f——火球中燃料量，kg；

　　　τ_a——大气透射率，假定为 1；

　　　H_c——燃烧热，J/kg；

　　　R——辐射部分燃烧热，假定为 0.4；

　　　t——火球持续时间，s（通过上述公式计算）；假定为燃烧时间。

式（D-36）见于本指南的 BLEVEs 参照表 30。

D.11　蒸汽云爆炸的其他情景分析

根据 T.A. Kletz，"不受限制的蒸汽云爆炸"（1977 年 AIChE 主办的第十一届预防损失讨论会），不受限制的蒸汽云爆炸几乎总是由闪光液体导致。出于此因，在本指南中，对于蒸汽云爆炸的随机试验场景中的云量，本指南参考了压力下液化易燃气体释放的闪光部分。本指南提供了一个方法，用以计算蒸汽中闪光部分的云量以及浮质中的云量。这个方法要使用两倍的闪光云量（只要它不超过可用易燃物质的总量即可），方法参考了英国健康与安全执行委员会（HSE）推荐的方法，如 AIChE 报告 Guidelines for Evaluating the Characteristics of Vapor Cloud Explosions，Flash Fires，and BLEVEs 中阐述的那样。两个因子分别为喷雾与浮质。

在随机场景分析中，闪光部分的方程式参考了荷兰 TNO 报告 Methods for the Calculation of the Physical Effects of the Escape of Dangerous Material（1980），第四章，"Spray Release"。方程式如下：

$$X_{vap,a} = X_{vap,b}\frac{T_b}{T_1} + \frac{T_bC_1}{h_v}\ln\frac{T_1}{T_b}$$ （D-37）

式中：$X_{vap,a}$——膨胀后蒸汽重量分数；

$X_{vap,b}$——膨胀前蒸汽重量分数，假定闪光部分比值为 0；

T_b——气体液化的沸点温度，K；

T_1——贮存气体液化的温度，K；

C_1——气体液化的比热，J/（kg·K）；

h_v——气体液化的蒸发热，J/kg。

在后果分析中使用闪光部分因子（FFF），假定受压气体的贮存温度为 25℃（298 K）（排除不能在这个温度液化的气体）。FFF 因子方程式为：

$$FFF = \frac{T_bC_1}{h_v}\ln\frac{298}{T_b}$$ （D-38）

式中：T_b——气体液化的沸点温度，K；

C_1——气体液化的比热，J/（kg·K）；

h_v——气体液化的蒸发热，J/kg；

T_1——液化气体的储存温度，K。

这个方法将 0.03 的生产因子运用于蒸汽云爆炸的随机场景分析中，参考了 AIChE 阐述的英国 HSE 报告中的方法。根据 AIChE 报告，这个方法参考了大部分重要的蒸汽云爆炸测量值，可用能量在 1%～3%。

附录 E 场外后果分析工作表
（方法依据本指南）

工作表 1 有毒气体最差情景分析

1. 选择场景（根据最差情景定义为 10 min 内全部释放）		参考指南章节
明确有毒气体	名称： CAS 编号：	第 2 章 2.1 节
明确最大容器/管道中的最大气体量	数量/lb：	
明确最差情景的气象条件	大气稳定度级别：F 风速：1.5 m/s 环境温度：25℃ 相对湿度：50%	
2. 确定释放速率		
估算释放速率（每十分钟数量）（某些气体被制冷液化的情景除外）	释放速率/（lb/min）： 气体释放是否一直在外围构件内进行？ （如果是，继续下一步）	3.1.1 节
被动减缓效应的释放速率修正	气体释放是否会造成外围构件失效？ （如果是，采用修正释放速率） 外围构件因子：0.55 修正释放速率（lb/min）：	3.1.2 节
3. 根据规则确定风险终点距离		
确定风险终点	风险终点/（mg/L）：	表 B-1
确定气体密度（需考虑当时条件，例如是否在当时压力下发生液化）	密度： 中性浮力：	表 B-1
确定场地地形（根据规则确定城区/农村）	城区： 农村：	2.1 节
确定合适的距离参引表（使用 10 min 表）	使用的参引表（编号）：	第 4 章 引文部分 表 1-12
根据参引表查找距离	释放速率/风险终点（中性浮力）： 风险终点距离/mile：	第 4 章 引文部分 表 1-12

工作表 2 有毒液体最差情景分析

1. 选择场景（根据最差情景定义为液体全部释放形成蒸发池）		参考指南章节
明确有毒气体 明确溶液/混合物浓度	名称： CAS 编号： 溶液/混合物浓度（质量百分数）：	第 2 章 3.2 节 3.2.4 节 混合物部分
明确最大容器/管道中的最大液体量	数量/lb： 混合物中限制性物质数量：	
明确最差情景的气象条件	大气稳定度级别：F 风速：1.5 m/s 环境温度：25℃ 相对湿度：50%	
2. 确定释放速率		
确定泄漏液体温度 （必须是日最高温度，或工艺温度， 或制冷液化气体的沸点）	液体温度/℃：	3.2 节 3.1.3 节
确定合适的液体因子，用于释放速率 估算	LFA： LFB： DF： TCF：	3.2 节 表 B-2，表 B-4 3.3 节 表 B-3 水溶液部分
估算最大液池面积		
估算最大液池面积 （泄漏液体液池深度 1 cm）	最大液池面积/ft²：	3.2.3 节 式（3-6）
估算有事故堤防区情形的液池面积		
估算事故堤防区面积 （注意堤防失效或堤防区溢流的情况）	事故堤防区面积/ft²： 事故堤防区面积是否小于最大面积？ （如果不是，利用最大面积估算释放速率） 事故堤防区体积/ft³： 泄漏体积/ft³： 泄漏体积是否小于事故堤防区体积？ （如果不是，考虑溢流） 溢流体积/ft³： 溢流面积/ft²：	3.2.3 节
选择液池面积，用于释放速率估算 （最大面积，事故堤防区面积，或者 事故堤防区面积与溢流区面积之和）	液池面积/ft²：	3.2.3 节
估算液池释放速率		
估算无堤防的液池释放速率 （最大液池面积）（基于泄漏量， LFA/LFB 及 DF）	释放速率/（lb/min）：	3.2.2 节 3.2.4 节 （混合物） 式（3-3）或式（3-4）

估算有堤防池的释放速率（利用上节的液池面积）（基于液池面积及 LFA/LFB）	释放速率/（lb/min）：	3.2.2 节 3.2.4 节 （混合物） 式（3-7）或式（3-8）
建筑物内释放速率修正 （考虑修正因子）	室外开放条件下的释放速率/（lb/min）： （无堤防/有堤防液池释放速率） 外围构件因子：0.1 修正释放速率/（lb/min）：	3.2.3 节 式（3-9），式（3-10）
温度修正释放速率 （考虑合适的 TCF）	修正释放速率/（lb/min）：	3.2.5 节 式（3-11）
估算释放时长	释放时长/min：	3.2.2 节 式（3-5）
3. 确定风险终点距离		
确定风险终点 （根据规则）	风险终点/（mg/L）：	表 B-2
确定蒸气密度	密度： 中性浮力：	表 B-2
确定场地地形（根据规则确定城区/农村）	城区： 农村：	2.1 节
确定合适的距离参引表 （基于释放时长、蒸气密度及地形）	使用的参引表（编号）：	第 4 章 引文部分 表 1-12
根据参引表查找距离	释放速率/风险终点（中性浮力）： 风险终点距离/mile：	第 4 章 引文部分 表 1-12

工作表 3　可燃物质最差情景分析

1. 选择场景（根据最差情景定义为最大量蒸汽云爆炸）		参考指南章节
明确可燃物质	名称： CAS 编号：	第 2 章 3.1 节
明确最大容器/管道中的最大数量（考虑全部可燃物质，包括可燃混合物中的非限制性物质）	数量/lb：	
2.确定风险终点距离（根据规则风险终点确定为 1 psi 超压，TNT 当量模型中产量因子设为 10%）		
依据参引表估算 1 psi 距离	1 psi 距离/mile：	第 5 章 引文部分 表 13
或者，根据公式估算 1 psi 距离	纯物质： 燃烧热/（kJ/kg）： 混合物： 主要成分燃烧热/（kJ/kg）： 其他成分燃烧热/（kJ/kg）： 1 psi 距离/mile：	第 5 章 附录 C.1 附录 C.2 表 C-1

工作表 4　有毒气体其他情景分析

1. 选择场景		参考指南章节
明确有毒气体	名称： CAS 编号：	
明确有毒气体的储存/加工条件	非液化增压气体： 增压液化气体： 在容器中： 在管道中： 其他（描述）：	第 6 章 第 7 章 7.1 节
其他场景阐述 与最差情景类似 场外值达到风险终点	情景描述：	
明确平均气象条件	大气稳定度级别：D 风速：3.0 m/s 环境温度：25℃ 相对湿度：50%	
2. 确定释放速率		
估算气体由容器孔洞的释放速率（堵塞/最大流速） 增压气体 增压液化气体由蒸气空间释放	孔洞面积/in²： 容器压力/（lb/in²，绝对值）： 容器温度/K： GF： 释放速率/（lb/min）：	7.1.1 节 式（7-1） 表 B-1
估算闪蒸液体的容器孔洞释放速率 增压液化气体由液体空间释放	孔洞面积/in²： 容器压力/（lb/in²，表压）： 容器温度/K： 孔洞以上液面高度/in： 释放速率/（lb/min）：	7.1.2 节 式（7-2） 表 B-1
估算闪蒸液体的破裂长管道释放速率 增压液化气体完全填满管道	初始流量/（lb/min）： DF： 初始流速/（ft/min）： 管道压力/（lb/in²）： 管道高程变化/ft： 管道横截面积/ft²： 释放速率/（lb/min）：	7.1.1 节 7.2.1 节 表 B-1
估算释放时长	阻止释放时长/min： 清空容器/管道时长/min： 默认释放时长：60 min	7.1.1 节
被动减缓效应的释放速率修正（外围构件）	室外开放条件下的释放速率/（lb/min）： 外围构件因子：0.55 修正释放速率/（lb/min）：	7.1.2 节 3.1.2 节

主动减缓措施的释放速率修正	使用的主动减缓措施： 阻止释放时长/min： 主动减缓技术造成的释放速率减缓分数： 修正释放速率/（lb/min）：	
估算释放时长（减缓释放）	释放时长/min：	7.1.2 节
其他释放速率估算	释放速率/（lb/min）： 估算释放速率的方法（描述）： 释放时长/min：	
3. 确定风险终点距离		
确定风险终点 （根据规则制定）	风险终点/（mg/L）：	表 B-1
确定气体密度（需考虑当时条件，例如是否在当时压力下发生液化、凝结）	密度： 中性浮力：	表 B-1
确定场地地形（根据规则确定城区/农村）	城区： 农村：	2.1 节
确定合适的距离参引表 （基于泄漏时长、蒸气密度及地形）	使用的参引表（编号）：	第 8 章 引文部分 表 14～表 25
根据参引表查找距离	释放速率/风险终点（中性浮力）： 风险终点距离/mile：	第 8 章 引文部分 表 14～表 25

工作表 5　有毒液体其他情景分析

1. 选择场景		参考指南章节
明确有毒液体（包含制冷液化气体） 明确溶液/混合物浓度	名称： CAS 编号： 溶液/混合物浓度（质量百分数）：	第 6 章 第 7 章 7.2 节
明确有毒液体的储存/加工条件	敞口槽： 加压槽： 管道： 其他（描述）：	
其他场景阐述 与最差情景类似 场外值达到风险终点	情景描述：	
明确气象条件	大气稳定度级别：F 风速：3.0 m/s 环境温度：25℃ 相对湿度：50%	
2. 确定释放速率		
确定液体释放速率以及向液池的释放量		
估算敞口槽孔洞的液体释放速率	孔洞面积/in²： LLF： 孔洞以上液面高度/in： 释放速率/（lb/min）：	7.2.1 节 式（7-4） 表 B-2
估算破裂长管道的液体释放速率	初始流量/（lb/min）： DF： 初始流速/（ft/min）： 管道压力/（lb/in²）： 管道高程变化/ft： 管道横截面积/ft²： 液体释放速率/（lb/min）：	7.2.1 节 式（7-5）～ 式（7-7） 表 B-2
估算液体释放时长	组织释放时长/min： 容器孔洞以上液体排空时长/min：	7.2.1 节
主动减缓措施的液体释放时长修正	主动减缓技术（描述）： 阻止释放时长/min：	7.2.2 节
估算形成液池的液体释放量 （液体释放速率乘以时长）	液体释放量/lb：	7.2.1 节 7.2.2 节 7.2.3 节
确定液池面积及液池挥发速率		
确定泄漏液体温度	液体温度/℃：	7.2.3 节

确定合适的液体因子，用于释放速率估算	LFA: LFB: DF: TCF:	7.2.3 节 3.2 节 表 B-2，表 B-4 3.3 节 表 B-3 水溶液部分
估算最大液池面积		
估算最大液池面积 （泄漏液体液池深度 1 cm）	最大液池面积/ft²：	7.2.3 节 3.2.3 节 式（3-6）
估算有事故堤防区情形的液池面积		
估算事故堤防区面积 （注意堤防失效或堤防区溢流的情况）	事故堤防区面积/ft²： 事故堤防区面积是否小于最大面积？ （如果不是，利用最大面积估算释放速率） 事故堤防区体积/ft³： 泄漏体积/ft³： 泄漏体积是否小于事故堤防区体积？ （如果不是，考虑溢流） 溢流体积/ft³： 溢流面积/ft²：	7.2.3 节 3.2.3 节
选择液池面积，用于挥发速率估算 （最大面积，事故堤防区面积，或者事故堤防区面积与溢流区面积之和）	液池面积/ft²：	7.2.3 节 3.2.3 节
估算液池释放速率		
估算无堤防的液池释放速率 （基于泄漏量，LFA/LFB 及 DF）	释放速率/（lb/min）：	7.2.3 节 3.2.4 节 （混合物） 式（7-8）或 式（7-9）
估算有堤防池的释放速率（利用上节的液池面积）（基于液池面积及 LFA/LFB）	释放速率/（lb/min）：	7.2.3 节 3.2.2 节 3.2.4 节 （混合物） 式（7-10）或 式（7-11）
温度修正释放速率 （考虑合适的 TCF）	修正释放速率/（lb/min）：	7.2.3 节 3.2.5 节 式（3-11）
建筑物内释放速率修正 （考虑释放速率修正因子）	室外开放条件下的释放速率/（lb/min）： 外围构件因子：0.05 修正释放速率/（lb/min）：	7.2.3 节 3.2.3 节

主动减缓技术的释放速率修正	使用的主动减缓技术： 主动减缓技术造成的释放速率减缓分数： 修正释放速率/（lb/min）：	7.2.3 节
比较液体释放速率和液池蒸发速率 选择较小的释放速率用于分析	释放速率/（lb/min）：	7.2.3 节
3.确定风险终点距离		
确定风险终点 （根据规则）	风险终点/（mg/L）：	表 B-2
确定蒸气密度	密度： 中性浮力：	表 B-2
确定场地地形（根据规则确定城区/ 农村）	城区： 农村：	2.1 节
确定合适的距离参引表 （基于释放时长、蒸汽密度及地形）	使用的参引表（编号）：	第 8 章 引文部分 表 14～表 25
根据参引表查找距离	释放速率/风险终点（中性浮力）： 风险终点距离/mile：	第 8 章 引文部分 表 14～表 25

工作表 6 可燃物质的其他情景分析

1. 选择场景		参考指南章节
明确可燃物质	名称： CAS 编号：	第 6 章
明确可燃物质的储存/加工条件 （制冷液化气体作为液体处理）	非液化加压气体： 加压液化气体： 制冷液化气体： 常压液体： 加压液体： 其他（描述）：	
明确合适的场景 ● 蒸汽云火 ● 池火 ● 沸腾液体膨胀蒸汽爆炸/火球 ● 蒸汽云爆炸 ● 其他（OCA 导则未包含）	其他情景/火或爆炸类型（描述）：	
2. 确定释放速率		
确定蒸汽云火的释放速率		
气体释放及闪蒸液体释放，见工作表 4	释放速率/（lb/min）：	9.1 节 7.1 节 式（7-1）、式（7-2）、式（7-3） 表 C-2
液体释放（非闪蒸），见工作表 5	液体释放速率/（lb/min）： 液体释放时长/min： 液池液体数量/lb： 向大气的释放速率/（lb/min）：	9.2 节 7.2 节 式（7-4）～式（7-12） 表 C-3
确定池火的液池面积		
估算液池面积：见工作表 5	液池液体数量/lb： 液池面积/ft^2：	10.2 节 7.2 节 表 C-2，表 C-3
确定沸腾液体扩散蒸汽爆炸量		
确定容器中的数量	液体量/lb：	10.3 节
估算蒸汽云爆炸量		
确定容器中的数量	液体量/lb：	10.4 节
3. 确定风险终点距离		
明确情景中合适的风险终点 ● LFL ● 40 s 中 5 kW/m^2 ● 1 psi 超压	风险终点：	第 6 章 表 C-2，表 C-3

确定蒸汽云火的 LFL 距离		
确定蒸汽密度	密度： 中性浮力：	表 B-2
确定场地地形（根据规则确定城区/农村）	城区： 农村：	2.1 节
确定合适的距离参引表（基于蒸汽密度及地形）	使用的参引表（编号）：	10.1 节 引文部分 参考表 26～表 29
根据参引表查找距离	释放速率/风险终点（中性浮力）： 燃烧极限下限距离/mile：	10.1 节 引文部分 参考表 26～表 29
确定池火的热辐射终点距离		
计算 5 kW/m² 的距离	池火因子 PFF： 液池面积/ft²： 距离/ft：	10.2 节 式（10-1）
确定沸腾液体扩散蒸汽爆炸终点距离		
计算火球的5 kW/m²持续40 s的等效辐射距离	数量/lb： 距离/mile：	10.3 节 引文部分 参考表 30
确定蒸汽云爆炸的超压终点距离		
确定 1 psi 的距离 （蒸汽云数量可以小于总数量；产量因子可以小于 10%）	闪燃因子 FFF： 闪燃数量： 产量因子： 1 psi 距离/mile：	10.4 节 表 C-2 引文部分 参考表 13

附录 F 化学事故预防规定

美国国家环境保护局
A 部分——综述

F.1 范围

这部分阐述了一系列规定物质与临界值，从规定物质列表中增加或者删除物质的过程，固定污染源的事故性排放的预防对所有者或管理者的要求，以及在 112（r）部分提出的国家事故性排放预防方案。A 部分展示的物质、临界值和事故预防规定在任何情况下都不会限制 112（r）部分的一般责任。

F.2 列规

尽管 A 部分有其他规定，但是法律效力为 1994 年 3 月 2 日至 1997 年 12 月 22 日。

在 F.3 部分，"固定污染源"定义包括自然形成的碳水化合物蓄水池或者运输物质的监管，或者天然气规定的现状，或者运输部颁发的关于危险液体方案的规定 49 U.S.C.601 05；

A 部分的 F.115（b）部分，需要一位所有者或者管理者处理规定易燃物质：

（i）汽油，分配或者作为内部燃烧引擎的燃料来存储。

（ii）自然形成的碳水化合物优先进入石油炼制装置或者天然气加工厂。自然形成的碳水化合物包括冷凝物、原油、瓦斯、采出水，每种物质的定义见 A 部分的（b）段。

（iii）其他化合物包括规定易燃物质，它们没有美国消防协会的易燃危险四级评定，定义呈现在 NFPA 704（材料危害性标识系统），这是爆炸危险品定义的标准体系，1990 年美国消防协会成立于马塞诸塞州昆西市，可以向美国消防协会咨询，地址位于马塞诸塞州昆西市百骏公园 02269-9101。

见 F.130（a）部分。（b）1994 年 3 月 2 日至 1997 年 12 月 22 日，以下规定适用于（a）段的陈规：冷凝物定义：标准条件下，由于温度或压力的变化，天然气凝结，由此分离出的碳水化合物液体。

原油定义：自然形成、未经炼制的石油液体。

瓦斯定义：在进入加工厂之前、从油井提取的气体。

天然气加工厂定义：指加工场所，从事的工作是从瓦斯中提取天然气液体，或者将天然气液体分馏后加工成天然气成品，抑或两者兼之。分离器，脱水装置，热处理器，脱硫装置，压缩机，或者类似的仪器必须全部位于天然气加工厂内部，不能单独成为天然气加工厂。

石油炼制加工装置定义：主要从事石油炼制的加工装置，具体定义见标准产业加工法中的石油炼制部分（2911），有以下用途：生产运输燃料（如汽油、柴油、喷气燃料），供热燃料（如煤油、凝析油、燃油），或者润滑油；分离原油；或者分离、爆裂、反应、改变中级石油流。这种装置包括石油溶剂装置、烷基化装置、加氢处理、催化加氢裂化、催化重整、催化裂化、原油蒸馏、润滑油加工、制氢、异构化反应、聚合反应、热处理、混合、脱硫和精制过程。石油炼制加工装置包括硫加工设备。

采出水定义：从地表的油井或天然气井提取的水，或者是提取原油、天然气分离后的水。

F.3 定义

这一部分目的在于事故性排放：在没有预料的前提下，常规物质或者其他极端危险物质从固定污染源进入环境大气。

法案：《清洁空气法修正案》。

行政控制：用于危险控制的成文的诉讼机制。

管理人：美国 EPA 管理人员。

AIChe/CCPs：美国化学工程师协会/美国化工过程安全中心。

Article：自制件，定义见 29 CFR 1910.1200（b），加工过程中特别定制的外形或设计，彼此之间有终止使用功能，在正常加工和使用条件下不会释放或者暴露在常规物质下。

ASME：美国机械工程师协会。

CAS：化学文摘社。

灾害性泄漏：重大的不可控制的泄漏，燃烧或者爆炸，涉及一种或多种常规物质，给公共健康与环境带去即刻和实质性危害。

机密资料：机密资料程序法 18 U.S.C.APP.3,1（a）部分中的定义，"美国政府依照行政命令、法规、规则所确认的任何信息或者材料，出于国家安全考虑来防止未经授权的披露。"

冷凝物：标准条件下，由于温度或压力的变化，天然气凝结，由此分离出的碳水化合物液体。

涵盖流程：出现不止一种临界值的过程，见条款 68.115。

原油定义：自然形成、未经炼制的石油液体。

指定机构：国家指定的州、地方或者联邦机构，见条款 68.215（d）。

DOT：美国运输部。

环境受体：自然地区，例如，国家或者州的公园、森林或纪念碑；官方指定的野生动物保护区、栖息地、庇护所或区域；联邦荒野地区，被污染毒性浓聚物、辐射热，或者大于等于终点的超压，见 F.22（a），原因是事故性排放，见美国地方地理实测图。

瓦斯定义：在进入加工厂之前、从油井提取的气体。

热作业：电/气焊、电/气割、电/气硬焊，或者类似的火焰、火光加工操作。

执行机构：国家或者地方机构，有权执行事故性排放预防方案，见 E 部分 40 CFR 63 部分。执行机构可以是但不一定是国家或者地方的空气允许机构。如果国家或者地方机构没有被予以授权，美国 EPA 就是执行机构。

损害：由于直接暴露在毒性浓聚物下，人类受到的影响；辐射热；事故性排放中的超压或者蒸汽云爆炸的直接影响（如飞起的玻璃片、残骸，以及其他爆弹类），需要医疗或者住院治疗。

主要改变：新型处理，处理仪器，或者规定物质，导致安全操作限度改变的程序化学变化，或者导致新型危险的其他变化。